樂律

高效互動與無縫連結，

打破虛擬

藩籬

李黎 著

Gold Rush Metaverse

掘金元宇宙

AI 時代顛覆傳統產業的數位革命

揭開元宇宙的神祕面紗，解析未來藍圖

探索數位時代的無限可能

做好迎接下一個世代的準備

打破虛擬與現實之間的藩籬，窺探全新的生活方式

科技是如何重塑我們的世界？

目錄

推薦序

隨著區塊鏈向網際網路領域的縱深發展，元宇宙以及其應用探索成為整個網際網路最受矚目的話題。2021 年是元宇宙元年，隨著世界各國的大型網際網路企業甚至是傳統企業加入這場元宇宙科技探索行列，元宇宙似乎正在掀起一場網際網路的變革。

現階段的元宇宙指透過 AR、VR、區塊鏈等技術支援，將現實世界對應的所有人事物透過數位化手段投射到雲端世界。但元宇宙如果僅作為現實世界的映象，其存在的意義不大。作為網際網路的下一個未來，元宇宙將重塑當今社會的信任機制、經濟模型、分配制度，建構一個人人皆可參與、能夠實現現實中做得到以及做不到的通往數位世界的通道。就像書中所言，「生命的範疇，正在從碳基生命延伸到數位生命」。元宇宙將促使人類文明邁向更高層次的數位文明，「這不是文明競爭，而是將人類帶進下一個文明」。

元宇宙是多類技術的集合體，且目前仍處於探索階段，這也意味著談元宇宙就需要對涉及的技術具有本質的了解，更需要諸多跨學科的背景知識。本書透過梳理元宇宙的緣起以及概念延續直至興起的演化路徑，勾勒出一個吸引網際網

推薦序

路大廠爭相入局的發展軌跡，結合元宇宙與傳統領域產業的應用，引出元宇宙網際網路的疊代更新產生的必然性。在談元宇宙的延伸的同時，引入大量相關的背景數據，讓讀者對元宇宙的內涵有更為深刻的理解。這種系統化的論述，對一項新興技術甚至思想的推廣普及，無疑有著非常重大的意義。

目前，元宇宙的發展還處於嬰兒期，各方面基礎建設仍很不完善，但卻已經吸引足夠多的目光。在元宇宙真正投入大規模的應用之前，我們需要更全面、更務實的聲音去引導我們了解元宇宙的本質。

鄭定向

自序

元宇宙不是一個突然誕生的概念。比科幻小說《潰雪》(*Snow Crash*)更早,1990 年錢學森在信中提出了「靈境」一詞,用來指代「Virtual Reality」(虛擬實境技術)。此後八年的時間裡,錢學森以他的探索和真知不斷豐富「靈境」的內涵,他認為「靈境」可以擴展人腦的知覺,使人進入前所未有的新天地。1994 年在另一封手寫信裡,錢學森提到:「靈境技術是繼電腦之後的又一項技術革命。它將引發一系列震撼全世界的變革,一定是人類歷史中的大事。」他還親手繪製了一張導圖,以闡釋「靈境」技術的廣泛應用將引發人類社會的全方位變革。

三十年前錢學森在「靈境」中早已繪製出元宇宙的藍圖。不同於《潰雪》中的「Meterverse」,「靈境」不是科幻概念,而是涵蓋了人機結合與人工智慧的科技前景,不僅蘊含了他高瞻遠矚的科學遠見,也是一份具有文化底蘊的浪漫與詩意藍圖。

這些年,人工智慧經歷數次跌宕起伏邁向認知智慧,雲端計算與大數據成為撬動電腦資訊世界的新支點,VR 技術在一波熱浪回落後又重新走向轉折點,區塊鏈從比特幣全球帳本中誕生並重塑價值網路。正如錢學森設想的，「人機結合」的發展正在由淺層次走向深層次。「元宇宙」就像一個呱呱落地的嬰兒，在它出生之前，其實已經在胚胎裡孕育了很久，它是幾十年來各種高新技術一起融合產生的質變。

而疫情是一把火，加速了這個質變過程。各種活動線上化，促使人不斷突破物理世界的限制。人和其他生命物種一樣是適應環境的產物，元宇宙是人類面對疫情這一全球性問題，墜下深淵時集體長出的翅膀。

元宇宙不是遊戲。遊戲平臺公司 Roblox 將「Metaverse」寫入招股書，科幻電影《一級玩家》和《脫稿玩家》裡的遊戲世界展現出了無比生動、最接近人們想像的元宇宙世界。沉浸感、虛擬實境、人機互動、高自由度與創作性……這些特性彷彿都為了遊戲而生。遊戲為元宇宙提供了天然的土壤，但元宇宙已經突破了遊戲的邊界，正迅速蔓延至其他領域。史丹佛大學開設了元宇宙課程並將 VR 裝置應用教育，韓國首爾打造元宇宙旅遊城市，NFT（Non-Fungible Token，非同質化代幣）開啟了數位典藏的新紀元，虛擬人從不同產業徐徐向我們走來……訊息的數位化到生活數位化、再到價值數位化與生命數位化，元宇宙正勢不可擋地到來。

當年區塊鏈技術誕生於比特幣，但區塊鏈的應用已經遠遠超出了加密數位貨幣的範圍。作為下一代網際網路，元宇宙帶來的線上線下融合將發生在各個領域，遊戲、社交、教育、旅遊、金融、醫療、環境等等，開啟又一輪「元宇宙＋」的新模式。

元宇宙需要人發揮更多的創造性。交通擴展了人類雙腿的行走範圍，電腦晶片突破了人腦的計算與思考邊界，網路感測器代替人的眼耳為城市生活築起安防線，AI 機械手臂解放人的雙手成為工業應用的得力助手，虛擬偶像與虛擬寵物豐富了人類的情感依託，人的能力與精神世界得到了無限延展。

未來機器比人聰明，機器取代人完成重複工作，演算法與人工智慧會成為新的生產力，人將釋放出來去從事更多創造性活動。元宇宙將人的感知帶到更遠的地方，在擺脫肉身束縛與生老病死的缺陷後，人被激發出更多潛力，活出多重角色，想像力是唯一的限制。

人的創造力賦予虛擬人生命，他們代替人活躍在舞臺與鏡頭之下，並擔任起各類職業角色。甚至可能走進家庭，與人建立真實的情感關係，這一切會改變現有的社交範圍。

然而，這是一條漫長的進化之路，就像遠古時期的生物從海洋踏上陸地，成為新的物種。生存空間的遷移不僅伴隨生命形態的改變，還推動了文明演進。元宇宙在安全、法律、倫理、反壟斷等方面面臨諸多挑戰。

自序

元宇宙涉及每一項技術都連接非常深入的領域，囿於本人的專業知識，只能膚淺地連點成線勾勒出元宇宙的大致概貌。這不是一本嚴肅的知識書，作者卻試圖盡量讓讀者朋友們感受元宇宙的獨特魅力。元宇宙是一個持續演化的範疇，未來的科技與實際應用會不斷豐富和改寫它的具象。站在歷史又一個浪潮之口，我以有限的知識累積與體驗大膽寫下這本書，期待專業前輩們的指點和讀者朋友們的寶貴意見。

李黎

第 1 章：

為什麼是元宇宙

1.1

什麼是元宇宙，誰引爆了元宇宙？

2021 年被稱為「元宇宙元年」，是因為有一家公司做了以下三件事情：首次將「元宇宙」寫進招股書；發行「元宇宙第一股」；定義元宇宙的八大要素。

1. 首次將「元宇宙」寫進招股書

2021 年 3 月 11 日，美國遊戲公司 Roblox 在紐約證券交易所上市，在招股書中提到了「元宇宙」的概念，並進行了較為詳細的介紹。Roblox 成為第一個將「元宇宙」寫進招股說明書的公司，這一舉動引爆了科技和投資圈。

Roblox 成立於 2004 年，兩位創始人 David Baszucki 和 Erik Cassel 起初的想法是建造一個 3D 虛擬平臺，玩家可以在這個平臺上互動，一起玩遊戲、學習、交流、探索和連線。玩家可以創造自己的虛擬世界，編寫各式各樣的遊戲，然後邀請別人一起來玩。

Roblox 打造的不是一款遊戲而是一個社群，一個平臺，使用者既是玩家，也可以是創作者，透過創作遊戲來獲得 Robux 幣（Roblox 的虛擬貨幣）。Robux 幣還能兌換成美金，實現創作價值變現。Baszuki 說：「Roblox 是一個 3D 社群平臺，你和你的朋友可以在其中假裝身處不同的地方。你可以假裝在參加時裝秀，或者假裝你在龍捲風中生存，或者你想去比薩店工作，或者你是一隻鳥，靠捕蟲生存。就像我小時候，我會出去玩海盜遊戲。在 Roblox 上，人們在社群建立的 3D 環境中玩耍。」

Roblox 遊戲平臺起先在美國最受小學生族群的喜愛，新冠疫情的影響下，不少成人玩家也加入了進來，Roblox 成為 2020 年霸榜美國 App store 和 Google play store 的遊戲 No. 1。

從 Roblox 公司的特性來看，將元宇宙寫進上市招股書並不是突然之舉，而是發展的必然路徑。

2. 發行了「元宇宙第一股」

Roblox 上市前的市值約 295 億美元，每股 45 美元。首日收盤上漲 54.4%，並在短短的時間內市值飆升到了 400 億美元。可謂「好風憑藉力，送我上青雲」，乘著「元宇宙第一股」的東風，股價飆升了近 10 倍。

Roblox 的上市，帶動了元宇宙概念股市場的火熱，熱度從一級市場傳到二級市場。

❸ 定義了元宇宙的八個要素

作為元宇宙概念的引領者，Roblox 公司先是在招股書裡描述了元宇宙的雛形，又為元宇宙定義了八個要素：身分、朋友、沉浸感、低延遲、多元化、隨地、經濟系統和文明。

- 身分 —— 在 Roblox 遊戲平臺裡，身分承載了個人的一切創作活動、遊戲資產與交易。元宇宙中的身分是現實真實身分的虛擬對映，它能突破物理世界的限制，以個人的興趣喜好呈現出多元化狀態。身分的範圍從遊戲平臺擴展到元宇宙世界裡，也將關聯起更廣泛的個人活動與虛擬資產。
- 朋友 —— 無論哪一種世界形態裡都需要朋友和社交，Roblox 以遊戲內容創作為中心建起了玩家的社交網路。元宇宙裡在多重身分與多元化活動下，朋友的範圍與內涵會被擴大。
- 沉浸感 —— 遊戲中的心流體驗帶來沉浸感，元宇宙從視聽效果的部分沉浸發展到全感官的完全沉浸，需要強大的虛擬實境技術、人機互動技術以及豐富的內容生態。
- 低延遲 —— 無論是遊戲還是其他活動，要達到置身其中的沉浸感，需要達到現實世界與線上空間的同步互動。蓬勃發展的 5G/6G 網路技術支援了元宇宙的低延遲特性。

- 多元化 —— 多元化既包括了身分多元化，也包含了內容與文化的多元化。元宇宙不是對現實世界的完全復刻，而是在虛擬實境的基礎上，存在超越現實的多重想像空間，讓人以不同的身分穿梭暢遊。
- 隨地 —— 隨地是接入地點與接入裝置的不受限。天地空一體化宇宙聯動的 6G 通訊網路與智慧終端裝置形態，都是對元宇宙「隨地」特性的展開解讀。
- 經濟系統 —— Roblox 裡建構了一個較為完善和雙向流通的創作者經濟體系，也使得創作者經濟成為元宇宙的重要特徵。該平臺的遊戲貨幣 Rolux 幣詮釋了元宇宙中需要怎樣的流通貨幣，以及價值流動如何成為可能。
- 文明 —— 文明代表元宇宙中會形成群體「部落」，會有一套完整的執行規則。與現實世界不同，這不是按照地理位置關係，而是基於高度自由的多元文化形成的自治社群，並呈現出不斷發展的數位化形態，最後走向數位文明。

Roblox 公司提出的這份堪稱元宇宙教科書級的定義，使得「元宇宙」概念體系化。從此，元宇宙不再是人們虛無縹緲的臆測，「元宇宙」概念也開始走向市場。

如果說 Roblox 公司這一波操作還只是讓人把對元宇宙的目光關注在遊戲產業，那麼後來 Facebook 公司的改名絕對是重磅級，把元宇宙的熱浪推向了又一波高潮。

1.2
元宇宙不僅僅是遊戲

設想一下，某天當你戴上 VR 眼鏡，就立即進入到了另一個世界。這裡，可以是電影《一級玩家》中的綠洲——

「就是綠洲。在這裡，想像力有多狂野，世界就有多大。

「你無所不能，無可阻擋。比如在度假星球，穿越夏威夷的五十英尺魔鬼浪，在金字塔之巔掠過積雪，甚至和蝙蝠俠聯手，攀登聖母峰。」

在這個世界裡，你可以自由選擇自己的外觀、身分，可以隨意穿梭在不同的空間，可以擁有和體驗不一樣的人生。這樣的場景，是不是很令人興奮？

席捲全球的新冠疫情暫停了人們行走看世界的腳步，卻無法封鎖人類對新世界的想像力。2021 年，元宇宙火了。什麼是元宇宙？ 2018 年上映的這部《一級玩家》，被認為是最符合元宇宙世界的雛形。

可是有人說，這不就是一個戴上 VR 眼鏡，場景更逼真，沉浸感更強的大型網路遊戲麼？沒錯，電影裡呈現的遊戲場景帶來對元宇宙最直觀的感官體驗。遊戲是我們通向元宇宙世界的第一個入口，遊戲也正在成為元宇宙的第一個 MVP（Minimum Viable Product，最小可執行產品）。

但元宇宙不僅僅是遊戲世界。Facebook（現已改名為 Meta）公司打造的 Horizon Home 平臺裡，戴上 VR 眼鏡，化身成卡通人物，在虛擬的會議室裡和同事們開會，彷彿他們就在你身邊，甚至可以看到彼此的表情和動作。Facebook 構想的元宇宙生態，使用者不僅可以在裡面玩遊戲、工作、社交，還可以購物、沉浸式學習、旅遊……

就如同網際網路發展早期，使用者上網衝浪的主要體驗是玩遊戲、聊天社交和看網頁資訊，如今網際網路已經連線了各個產業，除了滿足人們日常「吃穿住行」的需求，還極大豐富了體驗需求，成為了產業發展的「基礎公路」。

未來的元宇宙，不僅僅限於遊戲，它是一個包羅永珍的生活空間。這個空間擴展網際網路的屬性，進一步承載我們的各種社交、娛樂、創作等社會性和精神性需求。

十幾年前，我們說：走，去網咖玩遊戲。

幾年後，我們說：走，去元宇宙玩遊戲。

1. Metaverse = Meta + verse

元宇宙的英文是 Metaverse，meta 一詞源於希臘語，本意是超越的意思。meta 加上 physica（物理）構成的單字 metaphysica，是古希臘哲學家亞里斯多德的「形而上學」，一個存在於有形物質之上的抽象世界。它由概念和定義組成，是我們思維的世界。

最早在 1992 年，美國科幻小說《潰雪》中首次提出「metaverse」一詞，中文譯本裡被翻譯為「超元域」。後來，隨著「metaverse」的關注度越來越高，它有了一個更氣勢磅礴的中文名 —— 元宇宙。

Uni ＋ verse ＝（唯一的）宇宙

Meta ＋ verse ＝超宇宙，被廣泛共識為元宇宙

從名字上理解，首先，元宇宙是超越的，超越於我們現在賴以生存的現實世界。我們擁有一個現實的物質世界，還可以擁有一個由感官、思想和情感構成的精神世界。雖然元宇宙是一個虛擬的宇宙級宏大體系，但它包羅永珍。

元宇宙不是一個橫空出世的新概念，它更像是一個經典概念經過重塑，最終被賦予了更加多元化的共識，它是人類對於未來科技的共同願景。

元宇宙裡的世界是想像力的產物。從 2D 平面影像，到 3D 立體視覺，再到 4D 動感與空間感，體驗感和沉浸感的逐

步疊加，越來越逼近真實的場景感。這意味著我們在現實世界之外，還可以在元宇宙裡擁有一個數位化的虛擬世界。

生命的範疇，正在從碳基生命延伸到數位生命。

2. 元宇宙，從科幻走向科技

在小說《潰雪》的描述中，元宇宙（超元域）是一個脫胎於現實世界，又與現實世界平行、相互影響，並且始終線上的虛擬世界。人類在虛擬世界裡擁有自己的數位化身（Avatar），並能感應和控制分身。元宇宙（超元域）被描繪成一個由軟體繪製的、模擬現實世界的虛擬空間，裡面的場景不具備真正的物質形態。

《潰雪》片段節選——

「現在，阿弘正朝『大街』走去。那是超元域（元宇宙）的百老匯，超元域的香榭麗舍大道。它是一條燈火輝煌的主幹道，反射在阿弘的目鏡中，能夠被眼睛看到，能夠被縮小、被倒轉。它並不真正存在；但此時，那裡正有數百萬人在街上往來穿行。

……

這條大街與真實世界唯一的差別就是，它並不真正存在。它只是一份電腦繪圖協定，寫在一張紙上，放在某個地方。

……

當阿弘進入超元域，縱覽大街，當他看著高樓和電子招牌延伸到黑暗之中，消失在星球彎曲的地平線之外，他實際上正盯著一幕幕電腦圖形表象，即一個個使用者介面，出自各大公司設計的無數各不相同的軟體。」

在《潰雪》之後的很長時間裡，關於元宇宙的各種設想只存在於文學和影視作品中。

巧的是，在《駭客任務》、《西方極樂園》、《一級玩家》等電影，呈現出的虛擬世界有一些共同的形態。

比如，有一個通向虛擬世界的入口。

這個入口，可以是《潰雪》裡的耳機和目鏡——「戴上耳機和目鏡，找到連線終端，就能夠以虛擬分身的方式進入由電腦模擬、與真實世界平行的虛擬空間。」

也可以是《駭客任務》裡的腦機介面，人的大腦連線著電腦，便進入一個由植入程式碼控制的虛擬世界 ZION。

還可以是《全面啟動》裡的腦電波儀器，連通起來就進入別人的夢境，控制夢境和思想。

另一個共同點，它們都有一個投射在虛擬世界的意識形態。

《潰雪》裡是一個數位化的虛擬分身，《駭客任務》裡是被程式碼控制的虛擬意識，《全面啟動》裡是被構築夢境和潛意識。

這些虛擬空間，不僅是視覺上的體驗，而是可以在其中行走，互動，生活其中的空間。甚至像駭客任務裡，不僅感官和觸覺，連意識也完全沉浸其中，分辨不了虛擬世界和現實世界的區別。

科幻小說和影片對「虛擬世界」的想像和藝術演繹很美好，但在現實世界裡，即便模擬現實技術和畫面渲染達到非常逼真的效果，這種虛擬感官只存在於我們的閱讀和觀影體驗裡，存在於 VR 遊戲那片刻的快感世界裡。

就像在環球影城裡的變形金剛 4D 電影院，坐上室內雲霄飛車，彷彿置身電影裡看一場精彩的搏鬥，那些畫面和聲音最大限度地刺激我們的感官和情緒，但無論是觀影還是娛樂專案，體驗結束後，我們並不會把這個虛擬世界與我們的現實生活聯結起來。

直到 2021 年，「元宇宙」的概念突然火了。2021 年 10 月，Facebook 宣布更名為 Meta，正式進軍元宇宙，祖克柏（Mark Zuckerberg）宣稱要在 5 年內將公司轉變為一家元宇宙公司。更名後，Meta 是新公司名，Facebook 依然是 Meta 公司的一個社交產品。

在祖克柏的帶動下，元宇宙成為當下最熱門的科技話題。一些具有前瞻性的科技和網際網路公司雖然不像 Facebook 這麼高調，但其早已在默默布局元宇宙相關領域的動向也浮出了水面。輝達、微軟等公司相繼跑步進場布局，將元宇宙的市場熱度推向極致。

熱浪之下，星星之火可以燎原。

隨著這些大廠公司的加入，元宇宙不再是小說和電影中的科幻場景，它成為了科技公司的轉型發展前景、資本競相追逐的商業機會、網際網路的下一個未來。在本書的第二章，將一一仔細剖析這些大廠公司如何擁抱元宇宙。

1.3
從駭客任務到虛擬偶像，為什麼是元宇宙？

1.《駭客任務》，關於真實性的思考

有個名叫尼歐的年輕網路駭客，他在一名神祕女郎崔妮蒂的指引下，見到了駭客組織的首領墨菲斯。墨菲斯告訴他一個驚人真相：原來他一直生活的世界是虛擬的，是由一個名為「母體」的電腦系統生成並控制的。

這是科幻影片《駭客任務》三部曲裡講述的故事。

故事背景設定在未來的 22 世紀，人類利用人工智慧製造出了許多機器人，在人類與機器人共存的年代，日益壯大的機器人和人類之間終究爆發了戰爭，人類試圖切斷機器人的太陽能來源，但機器人很快發現了新的能源 —— 生物能源。機器人利用基因工程製造出人類，把人類接入電腦程式碼控制的矩陣系統裡，讓人的意識生活在虛擬世界，並為機器人提供生物電作為能源來源。

墨菲斯講完後，讓尼歐做出選擇，如果吃下藍色藥丸會忘記一切，繼續生活在虛擬世界，如果選擇紅色藥丸就會看到真實世界。尼歐吃下了紅色藥丸，他從虛擬世界中醒來，看到現實世界的本來面目。當他睜開眼睛，發現自己躺在膠囊一樣的培養槽裡，身上插滿管線，四周躺著許多和他一樣的人，他們都被超級電腦「母體」控制在虛擬世界裡。

《駭客任務》第一部上映已經二十多年了，至今被認為是無法超越的科幻經典之作。這部電影引發了很多討論和思考。

- 關於世界存在的真實性與多重性 —— 我們生活的世界是真實存在的嗎？在我們的感官世界之外是否還存在另一個世界？
- 關於人工智慧 —— 未來機器人一旦擁有了人工智慧，會強大到超過人類嗎？
- 關於感官 —— 我們的感官世界真的可以完全被塑造出來嗎？
- 關於虛擬與現實 —— 如果你是尼歐，是選擇藍色藥丸還是紅色藥丸？

早在古希臘時期，哲學家們就開始了有關「無數世界」、「可見世界」、「不可見世界」的思考，近現代量子力學對「平行宇宙」提出正式研究。科幻小說和電影裡，出

現不少以「平行世界」為題材的創作，「在無數個平行宇宙中，有無數個地球存在」，這些都反映了人類對世界真實性和存在性的思考。

不過，無論是從哲學、文學藝術，還是從科技，這些問題一直被探討，但很難有終極答案，探討會伴隨人類整個的發展史。「元宇宙」概念升溫時，網友們又重溫該系列的電影，試圖以此來解讀元宇宙世界觀。

雖然《駭客任務》裡失去真實意識的虛擬世界和被機器人控制的恐怖景象並不是我們想要的元宇宙，但裡面呈現的「電腦模擬一切感官訊號，透過腦機介面獲得虛擬世界的感官體驗」的構想，是探索元宇宙的另一種可能性。

雖然虛擬的感官世界和現實的真實世界存在二元對立，但「虛構一直是人類文明的底層衝動」。我們熱衷於去思考和創造一個屬於人類世界的「平行宇宙」，元宇宙正好寄託了這樣的夢想。

2. 虛擬偶像的蓬勃興起

「Hello World，我是 YA。很高興加入超級品牌日，和我一起探索元宇宙吧。」一位有著精緻的面容、酷冷神情和銀色短髮的少女，從元宇宙世界發出二次元的神祕聲音。

YA 於 2021 年 9 月宣布入職某電商集團，成為該集團超級品牌日的數位主理人。她以虛擬明星的身分為電商集團開啟元宇宙的行銷探索，一上線就聚集了新生代的人氣。

小熙，抖音上「一個來自元宇宙的美妝捉妖師」，一襲古風裝扮，拿著一根開啟元宇宙視角的美妝筆。她的美妝筆在圍觀小男孩的眼角上輕輕畫上幾筆，驚愕的小男孩竟然看到周圍別人看不到的鬼怪。「現在，我看到的世界，你也能看到了」，2021 年 10 月，小熙的一條萬聖節短影片乘著元宇宙的浪潮，在短短幾天就紅了，粉絲超過了 500 萬。

有網評說，元宇宙未到，虛擬人已先行。

小柒從 2015 年開始拍攝短影片展示亞洲美食文化，默默耕耘了好幾年，成為擁有千萬粉絲的美食部落客。其他主播也累積了幾年的時間，才嶄露頭角。他們是在個人品牌時代急速發展起來的網紅。

但是，進入元宇宙元年，虛擬美妝達人小熙短短數天從零漲粉 500 萬，僅僅只釋出了 2 部影片。

在元宇宙浪潮之前，虛擬偶像在二次元的圈子裡已小有規模。早在 1980 年代，在日本開始有了虛擬偶像的概念。2007 年以語音合成技術為基礎開發的音源庫加上時尚的動漫少女形象，在日本誕生的「世界第一虛擬偶像」初音未來進入大眾的視野，她也是世界上第一個使用全息投影技術舉辦演唱會的虛擬偶像。

除了演唱和舞臺演出，虛擬偶像已經進入主播、直播賣商品、品牌代言人等商業領域，他們在直播中表演節目，和網友們即時互動交流，產生了不亞於真人偶像的粉絲經濟。不少網際網路公司也正在加大對虛擬偶像的投入。

虛擬偶像自帶數位化的神祕屬性，可塑性強，能賦予超越現實世界的創造理念。比起真人明星，更加純粹，他們不會有緋聞，不會人設崩塌，顯然更加滿足完美的人物設定。2021 年在元宇宙概念火熱之時，虛擬偶像作為元宇宙相關的熱門話題，正在從小眾圈轉向大眾和資本矚目的焦點。

未來在 3D 建模、語音合成、全息成像技術逐漸成熟下，虛擬偶像的逼真度會越來越高，從動漫形象走向真人化，滲透到更多領域，締造流量神話。他們與人的關係和互動更加多元，從二次元的虛擬世界到高維度的元宇宙世界。

③ 疫情是元宇宙的催化劑

元宇宙世界裡，「人類成為現實與數位的兩棲物種」。

一份元宇宙發展研究報告裡，將 2020 年界定為人類社會虛擬化的臨界點。報告指出，疫情加速了社會虛擬化，新冠疫情隔離狀態下，人們上網時長大幅增長，「宅經濟」快速發展。線上生活從短時的例外狀態變成了常態，從現實世界的補充變成了現實世界的平行世界。

新的形勢下，在長達半年多的時間裡，學校無法按時開學。各縣市的學校在應急情況下，迅速推出了線上課程平臺，確保學生們「停課不停學」。 線上課程剛開始時，在家上課學生的千姿百態被家長們吐槽，經過一段時間的適應後，線上課程的優勢也逐漸突顯。

不受學校班級的限制，學生都可以享受到高品質的名師資源。雖然少了教室裡老師和學生面對面的互動，但線上課程突破人數的限制，每個學生都可以在課堂上回答問題，給老師留言點讚。老師還可以透過課堂中的提問留言來即時掌握學生的理解情況。

有一些課外培訓機構，把線上課程遊戲化，加入了更加新穎的教學模式和好玩有趣的互動，學生及時回答問題或者答對問題能獲得一定數量的金幣，整個過程把學習變得像遊戲一樣充滿驚喜和挑戰。累積的金幣可以在平臺上兌換其他喜歡的課程或者禮物。疫情促使教育工作者們轉變了思路，充分挖掘了線上課程的優勢。

疫情尚未結束時，遠端辦公成了工作常態。一些疫情嚴重的國家，多數員工還沒有返回辦公室，依然在居家辦公。一家軟體公司在 2019 年 12 月底上線了會議 App，以即時多人語音通話、便捷的遠端演示、強大的會議管理等功能，在疫情之下成為使用者量超過千萬的線上軟體工具。

其他線上會議軟體如 Zoom、微軟 Teams 也在企業中廣泛使用，各種視覺化文件合作也越來越方便。使用微軟 Teams 進行語音和影片對話，利用澳洲 Atlassian 公司的 JIRA（專案管理和任務追蹤工具）進行專案管理，利用印象筆記儲存筆記，利用 Zoom 參加大型線上會議和培訓……這是日常工作的一天。我們的辦公模式，已經越來越線上化和雲端化。

新冠疫情加速推動了這一演變程序，在元宇宙紅遍全球前，很多國際化大公司已經在推行「混合辦公模式」。推特、Google、Facebook 和微軟率先鼓勵多數員工採取「混合辦公」的工作模式，並稱其為一種更靈活、更高效的工作方式。

2021 年 6 月，微軟發布全新 Windows 11 系統，微軟表示 Windows 11 是一款專為混合辦公和學習而生的作業系統，為支持遠端辦公、學習進行了多項設計與改進。微軟 CEO 薩提亞·納德拉（Satya Nadella）在採訪時說：「混合辦公模式將是這一代人的最大變革。」

這是一場不可逆的變革。即便疫情結束，對遠端工作模式的探索遠遠沒有結束。Facebook 公司打造的 VR 合作平臺「地平線工作室」（Horizon Workrooms）和微軟公司在 2022 年釋出的「微軟團隊網格」（Mesh for Microsoft Teams），將營造更強的「臨場感」，使虛擬實境會議成為可能。

如果說線上教育和遠端辦公已是我們日漸熟悉的方式，那麼在遊戲世界裡的虛擬演唱會確屬標新立異。2020 年 4 月，美國歌手 Travis Scott 在 Epic 公司的射擊類遊戲《要塞英雄》裡，舉辦了一場虛擬演唱會，藉助全息人物投影的方式，Travis Scott 化身巨人，空降到《要塞英雄》遊戲世界裡的舞臺，Travis Scott 的虛擬聲影隨著光影和粒子特效，在不同場景中變換，吸引了 1,200 多萬玩家觀看了這場演唱會，把線上狂歡的沉浸感和體驗推向了極致。

遊戲裡不僅可以舉辦虛擬演唱會，一些大學別出心裁把畢業典禮也搬進了遊戲。受疫情影響，學校取消了傳統的實體畢業典禮。2020 年 5 月，美國的加州大學柏克萊分校在沙盒遊戲《Minecraft》裡用方塊拼搭重建了虛擬版的校園，學生和老師們也化身遊戲中的方塊人物，在虛擬校園裡舉辦了畢業典禮，甚至在遊戲裡完成了扔帽子、合唱、畢業致辭等傳統儀式。

面對疫情，新一代的年輕人沒有被束縛，他們反而賦予了虛擬世界更多的探索力與想像力。就像加州大學柏克萊分校的校長 Carole Christopher 在《Minecraft》畢業典禮上致辭：「這場線上的典禮，證明了你們是如何在黑暗中尋求光明……你將獲得面對這個破碎的世界的力量，並且將它重塑成一個更公正、更美麗的地方。」

工作、社交娛樂、學校教育⋯⋯疫情改寫了世界指令碼，也正在改變我們的生活模式。我們的現實生活正大規模地向線上的數位世界遷移中，習慣和認知也在發生潛移默化的影響和滲透。虛擬和現實的界限，越來越模糊。

網際網路——人類共同的數位化虛擬世界，在疫情第二年迎來了新的未來形態。

1.4

元宇宙是網際網路的終點，還是炒作？

1. 網際網路的入口演變

回顧貨幣的發展歷史，最早人類的經濟活動，以物易物的交易裡出現了作為中間衡量物的實物貨幣，比如牛羊、石器貝殼等。

商品生產和商品流通規模化後，金屬貨幣代替了實物貨幣。

北宋時期，出現世界上最早的紙幣，紙幣成為國家或地區範圍內統一的價值符號。

資訊技術和電腦時代，貨幣被電子化，以電子數據形式儲存在銀行的電腦系統中，變成銀行帳戶裡的數字。

智慧手機和行動網路的發展，催生了基於電子貨幣的移動支付。

2009 年，比特幣橫空問世，以區塊鏈為底層技術的虛擬加密貨幣打破中心化的金融組織，被稱為貨幣的終極形態。

人類走向數位化世界的程序裡，網際網路也正在經歷同樣的演變。

回看網際網路的發展史，1990 年代，亞洲正式進入網際網路時代。

2000 年後知名入口網站如雨後春筍般出現，人們獲取資訊有了新的管道，不再只是透過報紙和電視等傳統媒體。入口網站、信箱，聊天工具是網際網路早期的產品形態。那時被稱為 PC 網際網路，也是網際網路 1.0 時代。

2005 年前後，隨著個人電腦的普及，上網越來越便利。那一代人熱衷於在 MSN 上聊天，在論壇看貼文，在部落格上寫日誌，在開心農場「偷菜」，玩多人遊戲……早期的社交網路承載了一代人的青春，網際網路由入口網站和搜尋時代轉向社交文化。

隨後 2010 年，智慧手機出現帶來了一場顛覆性的創新革命，觸控螢幕互動代替了按鍵輸入，除了資訊搜尋和社交，追劇看影片、網路購物、遊戲等活動從電腦轉移到了手機上，手機軟體日漸豐富，以前一些只能在電腦上才能完成的事情，如今在手機上也能快速處理。手機鏡頭代替了相機，通訊軟體取代了電話和簡訊，Linepay、街口引領了行動支付。據統計，2014 年亞洲網友使用手機上網比例首次超過個人電腦上網比例，從此智慧手機取代個人電腦，進入行動網路，也是網際網路 2.0 時代。

網際網路的每一次變遷，也是入口的變遷。

個人電腦與智慧手機之後，網際網路下一個形態的入口在哪裡？

俗話說「春江水暖鴨先知」，「元宇宙」概念被引爆後，首先被一起帶上浪潮的是 VR/AR 製造廠商。元宇宙特徵之一的沉浸式體驗最有可能依託 VR/AR 頭戴顯示裝置來實現。「VR/AR 眼鏡是下一代行動計算平臺」正在成為大眾的普遍共識。

未來和現實之間總是存在差距的。現在的 VR 裝置還略顯笨重，連線電腦和遊戲的接線有點累贅，在技術上有螢幕解析度、延遲和視覺視角等瓶頸問題，在使用者使用上存在臉部壓迫感，還有視覺疲勞和 VR 眩暈感等體驗感問題。

如果既看過《一級玩家》，也看過 2021 年上映的電影《脫稿玩家》，對比下會發現一個有意思的變化。在《一級玩家》裡，主角進入綠洲遊戲，要戴上厚重的 VR 頭盔，在腰間繫上體感互動裝置和連線，戴上觸感手套，然後在跑步機上奔跑。而在《脫稿玩家》裡展示的虛擬實境場景，名為蓋伊（Guy）的 NPC（非遊戲玩家角色）開啟玩家視角，只是戴上了一副外觀與普通眼鏡無異的深色眼鏡。

作為網際網路入口的個人電腦和手機，都曾經歷了技術和量級的一代代更新。1946 年美國賓州大學研製出人類歷史上第一臺電子電腦，占地 170 平方公尺，房子一樣的龐然大物。1973 年，世界上第一部手持電話在紐約曼哈頓的摩托羅拉實驗室裡被發明出來時，像一塊磚頭又厚又大，還帶著一根滑稽的天線。早期還不叫手機，那時叫「大哥大」，是身分和財富的象徵。

科技的飛速發展，遠超乎我們的想像。在「元宇宙」概念的帶動下，VR/AR 產業吸引到更多投資資金和社會關注，這將加速這個產業的研發投入和技術成熟。相信未來帶我們進入元宇宙世界的那個入口，會比智慧手機更加解放我們的雙手。

2. 網際網路的下一站

風口之下，有人稱元宇宙是網際網路的終點。

先看看行動網路的現狀。2016 年一位科技企業執行長說出「行動網路已經結束了」時，當時行動網路已經經歷了超高速的增長期，該執行長預計行動網路下的人口紅利和流量紅利在未來幾年即將消失。

2017 年某科技零售公司 CEO 也提出了網際網路「上半場與下半場」的理論，他指出在行動網路上半場，平臺靠人口增速的紅利獲得了天時地利人和的資源優勢，但是到了下半場，要靠「上天入地全球化」。

「上天」指的是利用科技創新，如運用智慧演算法、大數據、雲端計算創造新的增長空間。

「入地」指接地氣，深度滲透到細分領域。

「全球化」則是在國內市場日漸飽和的情況下，去開拓和搶占全球市場。

即使是在行動網路發展的巔峰時期，大佬們已經高瞻遠矚看到了「物極必衰」的自然規律。

從 3G 到 4G 時代，全球智慧手機一直處在快速發展的時期。2016 年，全球智慧手機出貨量達到歷史高峰，此後智慧手機出貨量連續三年下滑。2020 年，亞洲行動網路的使用者數已經超過 9.4 億，滲透率高達 66.9%，同比增長率逐年下降。這意味著使用者紅利消失，網路人口數增長已趨近飽和。

一位資深媒體人在 2016 年的演講中提出「國民總時間」的概念，他認為使用者時長將會成為商業的終極戰場。在這種現狀下，各大平臺和應用程式用盡渾身解數搶奪使用者注意力和停留時長。利用大數據判斷使用者喜好，運用智慧演算法迎合使用者口味推送廣告和影片。這場使用者時長的爭奪戰愈演愈烈，短影片、線上直播、電商、直播賣商品、行動購物……等多產業加入混戰。

同時，平臺同質化嚴重，競爭趨勢加劇。在搶奪使用者時長後，網際網路平臺開始搶奪使用者菜市場。叫車 APP、外送 APP、購物平臺……掌握最多使用者數的幾大平臺在 2021 年推出社群團購和買菜上門，解決了最後 2 公里的菜籃子問題。註冊即送、超低價補貼、用不完的優惠券，拉開了又一輪基於本地生活的商戰。看似搶奪菜市場，實則是網際網路存量時代的流量大戰和危機生存，行動網路儼然已成為一片紅海。

2021 年 4 月 10 日，國外某科技業者因為壟斷行為被該國監管部門開罰 182.28 億元的高額罰款。為防止資本無序擴張，個人資料保護法和反壟斷法發布，監管網際網路的時代來臨，過去透過瘋狂燒錢搶占市場，然後再合併壟斷的路線走不通了。

競爭模式和反壟斷的監管下，網際網路大廠們躍躍欲試，期待開闢一個全新的戰場，一個前所未有的藍海。元宇宙大概就是這樣一個未來，它幾乎融合了近幾年所有的前沿科技，驅使網際網路大廠們奔赴更具有長遠價值的領域，從搶奪到一地雞毛的菜市場抬起頭看向星辰大海，走向科技創新。

馬路上分秒必爭疾馳而過的外送員，他們是行動網路時代下的新群體。被困在賴以生存的平臺演算法裡的人，他們跑得過時間，但未必跑得過下一個網際網路時代的無人配送。

我們生活在行動網路下的極度便利中，享受足不出戶的衣食無憂，同時又嚮往著詩和遠方。元宇宙用超強的沉浸感，可以把我們帶向任何想去的遠方，當下網路世界無法理解的矛盾，在元宇宙裡，感官體驗與心之所向將趨近無限統一。

但元宇宙會是網際網路的終點嗎？

它是現階段的技術下，我們關於網際網路形態想像的天花板。但我們很難去定義網際網路的終極形態，就像無法探知宇宙的盡頭。

2000 多年前，靠著飛鴿傳書和快馬加鞭傳送訊息的人，一定無法想像如今我們開啟鏡頭，就可以開啟一場視訊會議。科技的進步會不斷重塑網路虛擬世界的新形式，也會不斷擴展想像力的邊界。把元宇宙想像成網際網路的終極形態，其實是包含了對萬物聯結，對科技推動新世界的美好展望。

元宇宙是數位化時代，下一個可望也可及的未來。

3. 從「網際網路＋」到「元宇宙＋」

2012 年，網際網路公司正在紛紛做手機搶奪行動網路的入口流量。一位科技業董事長在這一年首次提出「網際網路＋」理念。他認為「網際網路＋」是未來我們所在產業與跨平臺的使用者場景結合之後產生的新生態。

「網際網路＋」發展的這幾年，各個產業已經完成與網際網路的深度結合，在網際網路模式下煥發出了新的生機。消費網際網路轉向產業網際網路，服務產業透過網際網路進行了重構，比如網際網路教育、網際網路旅遊等，塑造了全新的體驗。

工業網際網路也是在這個大背景下發展起來，工業經濟下的基礎設施、生產環節透過網際網路建構起覆蓋全產業鏈、全價值鏈的新模式。在5G商用後，工業網際網路的融合場景變得愈發豐富，走向了智慧製造。

在「網際網路＋」中被發掘的還有網際網路金融和網際網路醫療。目前網際網路金融發展起了第三方支付、網路借貸、網路理財、網路保險等金融業務。銀行在各自的行動APP裡將原有業務和拓展金融業務全部整合進了網際網路金融模式中。

網際網路醫療雖然發展相對緩慢，醫院的掛號繳費和取藥等依託網際網路平臺，已經極大方便了就診。而線上醫療服務、線上問診和線上購藥等服務也在逐步推進和完善中。

「網際網路＋」全面覆蓋我們的衣食住行及醫療金融教育……當我們已經深度依賴網際網路平臺的時候，從比特幣中誕生的區塊鏈技術，指出目前中心化機構下存在的信任危機。區塊鏈實現了不依賴中心化平臺的數據確權和價值交換，有望修復目前網際網路系統中存在的信任缺陷，讓價值與資產在網際網路訊息中順暢流通。

隨著區塊鏈與現有網際網路產業的結合，「區塊鏈＋」時代開啟了。

區塊鏈應用在金融領域，產生去中心化金融；區塊鏈應用在網路領域，解決傳動中心化模式的超高維護成本，讓網路真正實現去中心化；區塊鏈應用在大數據領域，讓數據可信度更高，解決數據所有權問題；區塊鏈應用在醫療領域，區塊鏈電子病歷讓個人醫療紀錄真實可信，透過區塊鏈溯源藥品防偽；區塊鏈應用在教育領域，用教育證書校驗系統解決文憑偽造；區塊鏈應用在公證領域，讓身分認證和傳統資產確認變得簡單……

過去十來年講「網際網路＋」，最近兩三年講「區塊鏈＋」。隨著元宇宙應用場景的落實，在可預見的未來，當下的產業場景在元宇宙世界裡重構，又將開啟一輪「元宇宙＋」的時代故事。

網際網路和區塊鏈的發展是數位化程序的不同形態。而元宇宙作為一個更大的概念，網、雲、鏈都會被融合在元宇宙的世界裡，它是網際網路全球化夢想的延伸。

1.5

元宇宙概念股，是否值得投資？

❷ 以區塊鏈的經歷來看元宇宙

「區塊鏈」概念被提出的時候，當年也經歷了火熱的階段，完全不亞於現在的元宇宙。對比之下現在的元宇宙和幾年前的區塊鏈有諸多相似之處。

首先是不相上下的概念火熱程度。「區塊鏈」概念有多麼高深，「元宇宙」概念就有多魔幻。2016 年到 2019 年間，最火的概念當屬區塊鏈，各大媒體爭先報導區塊鏈熱門事件，伴隨著比特幣價格的一路猛漲，區塊鏈成為無人不知的熱議話題。

從業者們寄予區塊鏈的希望也像極了現在的元宇宙——

1. 區塊鏈是下一個網際網路。
2. 區塊鏈即將顛覆現在的網際網路。
3. 區塊鏈是網際網路時代最偉大的發明。

而普通人一面跟著憧憬區塊鏈劃時代的未來，一面懵懂於對區塊鏈的理解。面對一堆的科技名詞，努力理解但仍如鏡中看花般似懂非懂。這點也像極了現在「元宇宙」概念。

而且在開始階段，大眾普遍也存在相似的認知失誤。其中的相似之處源於區塊鏈與生俱來帶著比特幣的烙印，以至於很多人認為區塊鏈就是用來炒幣的。而 Roblox 公司帶著「元宇宙」概念上市，也讓人意識裡覺得元宇宙不過是一個大型的遊戲世界罷了。

因為誕生於虛擬加密貨幣的技術，注定了區塊鏈的金融屬性。

因為遊戲給了人最直觀的體驗感，也注定了元宇宙的娛樂屬性。

其二是投資的火熱程度。

2016 年到 2017 年，以區塊鏈為名發行代幣的 ICO（Initial Coin Offering，首次代幣發行）專案一時間數不勝數，不僅吸引了普通投資者，連一些專業投資機構也進入到這個領域。但多數 ICO 專案並沒有真正的區塊鏈技術，靠幾頁白皮書包裝成區塊鏈專案，打著「重構商業模式」等理念進行眾籌發行沒有任何價值的空氣幣。那段時間甚至還催生了代寫發幣白皮書和買賣白皮書模板的服務。一時間各種跟風炒作，投資者瘋狂進入，將區塊鏈這個新生的趨勢風口變成了孤注一擲的「賭場」。

在這種投資亂象下，區塊鏈投資專案層出不窮，以區塊鏈為名的公司也數不勝數。資本在熱捧，產業峰會不斷，但大多宣稱做區塊鏈的公司，只停留在概念和實驗階段，區塊鏈實際運作者寥寥無幾。據國外相關統計，3,000 多家 A 股上市公司中，超過 500 家自稱同區塊鏈有關聯，但真正披露具體區塊鏈業務內容且屬實的只有不到 40 家。大部分所謂的區塊鏈公司是為了「蹭熱度」。

幾年火熱和瘋狂的洗禮，區塊鏈的投資炒作熱潮減退。在歷經炒作和浮躁後，區塊鏈技術真正的價值被關注和挖掘，區塊鏈結合實體經濟的應用正在默默耕耘。

「以史為鑑，可以知興替」，回看區塊鏈過去幾年的發展歷程，有助於在當下的元宇宙熱度裡保持一份去偽存真的清醒。願我們有對未來願景的狂熱，也有認清當下腳踏實地的冷靜。

3. 元宇宙的相關產業

想要投資一個產業，得先了解它的完整產業鏈和上下游關係，產業鏈裡龍頭公司的布局。從狹義的範圍來看，最直接的產業是遊戲商和 VR 穿戴裝置生產廠商。

社群媒體公司 gamerDNA 創始人 Jon Radoff 在關於元宇宙的發文中，他將元宇宙產業鏈在以下圖譜中分成了七層。

- 基礎設施：5G/6G 通訊網路、雲端計算／雲端儲存、GPU 顯示卡、半導體等。
- 人機互動：微型感測器、智慧眼鏡、穿戴裝置、腦機介面。
- 去中心化：邊緣計算、AI 代理、區塊鏈技術。
- 空間計算：VR/AR/XR（Extended reality，延展實境）、3D 引擎、地理空間製圖、空間對映。
- 創造者經濟：UGC（User Generated Content，使用者原創內容）經濟系統、代幣激勵。
- 發現展示：廣告網路、搜尋引擎、應用商店。
- 互動體驗：遊戲、社交、購物、消費等。

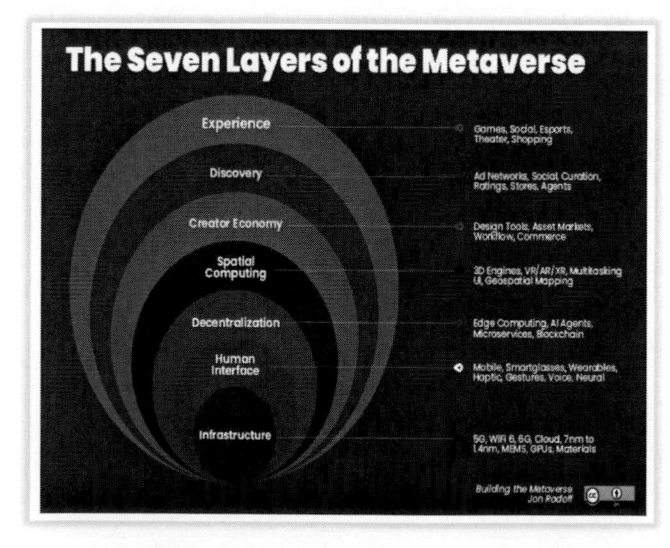

元宇宙產業鏈七層圖譜（圖片來源：Jon Radoff）

一份元宇宙產業鏈研究報告裡，將構築元宇宙的技術分為四大支柱，稱之為 BAND，即區塊鏈 Blockchain、遊戲 Game、網路 Network 和顯示技術 Display。

無論是哪一種劃分方式，隨著對元宇宙的深入理解，未來大眾的關注點不會局限於遊戲和 VR/AR 廠商，而是滲透到元宇宙的各細分領域，包括半導體、5G/6G 通訊、數位出版、雲端計算及人工智慧等等。這將是一個非常龐大的產業體系。

在基礎建設方面，亞馬遜的 AWS（Amazon Web Services）和微軟的 Azure 雲端計算是目前全球公有雲市場占有率的第一名和第二名。而且，AWS 以絕對優勢幾乎占據全球雲端計算的半壁江山。以 AMD、輝達為首的 GPU 顯示卡製造公司，聯發科和高通為首的半導體公司都在元宇宙下也迎來新的增長動力。

在人機互動方面，索尼、HTC 和 Oculus 是最知名的虛擬實境裝置廠商。但 Oculus 在 2014 年 7 月以 20 億美元的價格被 Facebook 收購，成為 Facebook 布局元宇宙社交的重要舉措。

在遊戲方面，Roblox 公司耕耘多年，打造了大型多人線上遊戲創作 UGC 平臺，使用者不僅有數位身分，遊戲中產生的 Roblox 幣還可以轉換成真實貨幣美元，已經有高度自由的創作者經濟，是目前最接近元宇宙概念的遊戲公司。

在互動體驗方面，Facebook 已經「all in」元宇宙，有了 Horizon 社群平臺，走在了元宇宙化的最前端。微軟也正在嘗試面向企業使用者，具有數位化身功能的 Teams 會議系統。

在元宇宙產業鏈中挖掘長足的投資機會，就得有如 20 年前投資蘋果的價值眼光，以及長久的耐心。一方面是強者愈強的馬太效應，另一方面是新興獨角獸公司的崛起。元宇宙產業會重新排序世界 500 強公司，帶來資本和財富的重新分配。

第 2 章：

大廠眼裡的元宇宙

1992 年，史蒂芬森（Neal Stephenson）發表科幻小說《潰雪》，創造「元宇宙」概念。如今，隨著擴增實境和虛擬實境技術等的應用越來越普遍，「元宇宙」開始由幻想照進現實。

當 Facebook、微軟、Google、蘋果、輝達等大廠或大張旗鼓或緊密低調布局元宇宙，大批追隨者也瞄準了這一塊處女地。《巴倫週刊》（Barron's）指出，比起 2020 年，美股上市公司 2021 年在財務檔案和其他公司檔案中提及「元宇宙」的次數增加了 5 倍！

大廠究竟如何看待元宇宙，他們對元宇宙的布局是一種盲目較勁行為，還是先知先覺者引領時代的探索？

本章內容中，我們一一道來。

2.1 從 Facebook 到 Meta：祖克柏的版圖邊界在哪裡？

2021 年 10 月 28 日，Facebook Connect 大會上，創始人馬克 · 祖克柏宣布將公司名稱由 Facebook 改為 Meta，以配合公司由社群媒體公司向元宇宙公司策略轉型的需要。

此言一出，舉眾譁然。

「元宇宙」話題立刻被推上熱門關鍵字，紅遍全球，熱議、質疑、批評甚至商業競爭也紛至沓來。有的公司站出來批評祖克柏，認為Facebook改名為Meta，侵犯了自己的商標權。

祖克柏對元宇宙已經狂熱到要改掉自己一手創立的 Facebook 公司名字的地步？這是一時衝動，還是一場呼之欲出的革命？

1. 一時衝動？不，祖克柏布局已久！

時間倒回到 2014 年。這一年，Facebook 成立 10 週年。僅僅 10 年就坐擁超過 10 億使用者，Facebook 可謂意氣風發。

2014 年 3 月，Facebook 宣布以 20 億美元收購美國虛擬實境裝置領域知名公司 Oculus。自此，社群平臺大廠 Facebook 邁入虛擬實境平臺建設者之列。據聞，祖克柏收購 Oculus，背後還有一段小故事：祖克柏第一次參觀 Oculus 公司時，現場體驗 VR 眼鏡後，就被深深震驚了，他認定自己戴著的就是未來。

在宣布這筆耗資 20 億美元收購訊息當日，祖克柏對記者表示，虛擬實境裝置有可能成為最具社交性的平臺。

不久，Oculus 推出頭戴式裝置 Oculus Rift（頭戴式顯示器）。Oculus Rift 最開始主要用於遊戲。戴上它以後，使用者不僅可以瀏覽、購買和執行遊戲，還可以和其他玩家互動，沉浸感體驗大大增強。使用這臺裝置時，螢幕「消失」了，取而代之的是「整個世界」。

2017 年，Facebook 在開發者大會上推出 VR 社群平臺 Spaces，支持虛擬環境下的角色扮演和互動等。

2018 年，Facebook 在開發者大會上釋出 Oculus Go。這是一臺輕量級裝置，不需要連線電腦或智慧手機就能運作。

2019 年，Facebook 團隊經歷整治和重組，並成立 AR 業務部門，技術和硬體兩手抓。這一年，Facebook 被授予的專利達到 989 個，其中 AR 相關的專利數增速尤為突出，僅「光學元件」類專利數就同比增長近 6 倍。

同年，Oculus Quest 上市，這款裝置自帶空間定位追蹤系統，擺脫了對電腦的依賴，玩家透過內建的感測器「看」周圍的世界，體驗更方便，而售價僅為 400 美元。

2019 年 6 月，Facebook 釋出「Libra 計畫」白皮書，打算在十餘個國家發行基於區塊鏈技術的無國界加密貨幣 Libra。2020 年底，該計畫改名為 Diem。

2021 年 7 月，祖克柏宣布將在 5 年內打造一個元宇宙公司。2021 年 8 月，Facebook 的虛擬會議室功能（Horizon Workrooms）上線，人們可以在一個虛擬的房間裡開會。

2021 年 9 月，Facebook 承諾投資 5,000 萬美元開發元宇宙平臺，公司 AR/VR 業務負責人安德魯 · 博斯沃思（Andrew Bosworth）則被提拔為公司技術長。2021 年 10 月 19 日，Facebook 宣布未來 5 年將在歐洲應徵 1 萬名員工，加速進行元宇宙計畫。隨後，又推出加密貨幣錢包服務 Novi 專案，繼續向區塊鏈領域邁進。

2021 年 10 月 28 日，在 Facebook Connect 大會上，祖克柏宣布將公司名稱由 Facebook 改為 Meta，此舉將「元宇宙」話題推向高潮。

2021 年 12 月初，Meta 公布了一款元宇宙觸覺手套。這款手套搭載大量追蹤和回饋部件，可以讓使用者在虛擬世界獲得觸覺感受，如抓握物體、用手在物體表面滑動等。由

此，Meta 解鎖了虛擬世界視覺、聽覺之外的第三種感知維度——觸覺。

Facebook 一路布局元宇宙底層技術和服務的同時，讀者們別忘了，該公司旗下的社群平臺包括：圖片社群平臺 Instagram、即時通訊產品 Whats App 和 Messenger、社群平臺 Facebook。這 4 大平臺在全球最受歡迎社群媒體排行中均位居前列，全球累計日活躍使用者超過 60 億。

60 億以上日活躍使用者＋元宇宙配套產品和服務，相當於什麼？一個巨量市場，正在膨脹。

2. 祖克柏理解的元宇宙：不再瀏覽內容，而是置身內容中

祖克柏想要建構的元宇宙是什麼樣的？祖克柏將 Meta 描述為「an embodied Internet」（深度沉浸式網際網路），認為其帶來一種存在體驗。

具體地說就是：

「在這裡，你不再瀏覽內容，而是置身內容中。」

一方面，藉助高速低延遲網路、虛擬實境與擴增實境技術等，一個無限逼近真實世界的虛擬世界得以建立。使用者透過一副眼鏡、一個頭盔、一臺遊戲主機或一部手機，即可訪問這個空間，並被傳送到充滿各類虛擬物品、虛擬人物的

虛擬空間裡，並實在地體驗「不同的感受」（祖克柏）。

虛擬實境技術讓使用者「保持在場」，然而元宇宙不僅僅是虛擬實境。它聯結社群與創作者，讓使用者置身其中 —— 不是引導更多人參與網際網路，而是幫助人們更自然地融入網際網路。

以開會為例，當前的網際網路會議儘管縮短了人與人之間的距離，但空間上的疏離感依然存在。參與者相當清楚，自己並不是真正「在場」。元宇宙想要傳遞給人的，就是一種真真切切的「臨場感」。與會者不僅可以有自己的專屬座位，還可以藉助工具塗畫進行分享等，就像現實場景中發言者在白板上塗畫一樣。

祖克柏信心滿滿：「當提供臨場感的技術越來越好，我們會更有能力生活在自己喜歡的地方，並成為自己嚮往團體的一員。」

另一方面，隨著區塊鏈技術等的發展，元宇宙完全可以發展出自己的一整套經濟，帶來各種新的機會，讓人人參與進來。元宇宙作為一個共享的空間，不僅可以支持商品和服務交換，也可以提供參與人員完成某些協同工作。使用者甚至可以訂製自己的辦公空間、在某個地方圍觀節目表演等。

總之，元宇宙將整合各種功能與服務，成為一個宏大的超級系統，按照祖克柏的描述就是，元宇宙將是網際網路的下一站。

祖克柏的願景是，不僅透過該公司的服務讓使用者關注朋友的動態，而且透過相關的技術讓使用者在虛擬環境中與朋友共享經歷，比如一起出遊等。公司將未來就押注在這樣一個平臺上。

❸ 元宇宙對 Facebook 意味什麼？

有好事者揣測，祖克柏如此高調地宣布將公司轉型為元宇宙公司，僅僅對 Facebook 的股價，就能造成極大的刺激作用。

當時，Facebook 股價在每股 365 美元左右，預估未來一年左右，可能因為「元宇宙」概念而上漲到每股 500 美元。

撇開股價，元宇宙對 Facebook 意味什麼？為什麼祖克柏要搶先布局元宇宙？

Fast Company 雜誌一針見血地指出，大廠入場主要是為了充分挖掘年輕族群的商業潛力。

眾所周知，Facebook 作為社群平臺大廠，具有龐大的使用者，而這也意味巨大的流量。其營業收入中，來自廣告業務的收入占據約 98%。但是，面臨 Tik Tok 這個全球範圍內的強勁對手和蘋果的隱私新政策，Facebook 的使用者開發與廣告業務均面臨很大壓力。

轉型為元宇宙公司的 Facebook 則完全可以利用現有的 APP，將其作為元宇宙世界的流量承接面，從容引導使用者轉型。

在元宇宙的社交場景下，其原有的廣告業務不僅能突破現在面臨的一些制約，還可能在多元化場景分發中帶來指數級增長。

此外，收購 Oculus 等虛擬實境技術公司後，Facebook 累積了 VR/AR 技術和硬體優勢，並開發了一批種子使用者。

Facebook 推出的 Oculus Quest 2 等產品以相對低的售價和相對高的性價比令索尼、微軟在內的諸多競爭對手黯然神傷，並占據了半數以上的 VR 裝置市場占有率。

筆者大膽揣測，Facebook 主要可能不是為了「賣」產品，而是為了開拓市場、培養使用者，並在這片嶄新的領域構築「硬體入口」的競爭壁壘。

同時，Facebook 在區塊鏈技術研發與落實方面，也在不斷尋找突破口。

2019 年 6 月，Facebook 的「Libra 計畫」對外公布，計畫的主要內容是在十餘個國家發行基於區塊鏈技術的無國界加密貨幣 Libra（後改名為 Diem）。2021 年 4 月至 5 月間，Diem 專案先是被爆出正在與瑞士金融監管機構進行談判，其後業務又轉移美國，與某州立銀行達成合作。

2021 年 10 月，祖克柏推出數字錢包 Novi。

加密貨幣 Libra 與數字錢包 Novi 被外界視作祖克柏元宇宙基礎設施的重要模組。在可以預見的未來，Facebook 僅僅透過收取手續費，就能從中獲得源源不斷的鉅額利潤。

這家公司正試圖突破各種現實阻礙，如巨輪般駛向未來。

2.2

微軟：企業版元宇宙與「模擬人生」

眼看祖克柏搶先高調宣布轉型元宇宙，其他科技大廠又豈有聽之任之的道理？

這不，連一向謹小慎微的微軟也高調出擊了。

2021 年 11 月 2 日，微軟在年度技術盛會 Ignite 放出一個勁爆消息：將把微軟旗下的聊天和會議軟體 Microsoft Teams 打造成元宇宙。

大會詳細介紹了微軟在元宇宙、人工智慧等領域的技術創新。結果，微軟股價隨之大漲，一躍突破 2.5 兆美元。

有人評價說，微軟推出的分明是「企業版元宇宙」。更有人調侃說：「這樣一來，在元宇宙裡再也不愁沒辦法加班趕 PPT 和 Excel 表格了。」

1. 何謂企業元宇宙？

微軟執行長納德拉（Satya Nadella）在 Ignite 大會表示：「隨著數位世界和物理世界的融合，我們正在建立一個全新的元宇宙。從某種意義上說，元宇宙使我們能夠將計算嵌入現實世界，並將現實世界嵌入計算，從而為任何數位空間帶來真實的存在感。最重要的是，我們能夠將我們的人性帶到我們身邊，並選擇我們想要體驗這個世界的方式以及我們想要與誰互動。」

從其措辭來看，微軟的元宇宙與祖克柏的元宇宙非常一致。

然而，從微軟推出的幾款產品中，我們能發現兩者更多細節上的不同，尤其在應用場景和目標使用者上。先來看看微軟重點推出的幾款元宇宙產品。

（1）微軟應用產品 Dynamics 365 Connected Spaces。

Spaces 於 2021 年 12 月進行首次預覽，支持將元宇宙和人工智慧技術與使用者的業務結合，利用「從零售店到工廠」的鏡頭觀測數據，幫助管理者洞察具體空間內員工或客戶的行為，並進行互動。

比如說，店鋪的管理人員可以透過平臺觀察店鋪的客流量、不同商品的銷售情況和員工工作情況等，並進行調整。甚至，可以利用這些數據覆盤所有活動。

當然，使用者也透過這項產品，造訪虛擬重現的現實店鋪或其他場景。微軟執行長納德拉就曾透過 Spaces「訪問」豐田某家製造工廠，甚至還「造訪」了國際太空站。

團隊會議協作軟體 Mesh for Microsoft Teams。

Microsoft Teams 的更新版 Mesh 於 2022 年推出，在產品原有會議功能的基礎上，新加入的 Mesh 功能（混合現實）能夠為使用者提供個性化數位化身和沉浸式空間。不同位置的人可以透過 Teams 加入合作，而這個空間甚至會複製出原辦公室的辦公用品。Mesh 還支持即時翻譯和轉錄，便於不同語言使用者進行溝通。

Ignite 大會上，納德拉介紹了 Mesh 中的虛擬形象艾琳。目前可以看到的是，模型還不夠精細，但艾琳的臉部表情和肢體動作都十分生動。

微軟透過 AI 技術捕捉使用者的聲音，由此推測其口型、表情、肢體動作等，並且在虛擬形象上呈現這些細節，艾琳的表情和動作就是這樣產生的。

據了解，微軟之所以為使用者提供這樣精細的 3D 化身，是為了緩解真人長期面對鏡頭辦公或開會的疲憊。如果工作累了，使用者還可以在休息區喝咖啡、玩遊戲等。Ignite 大會上，微軟演示人員與艾琳步入虛擬會議室，甚至「打」起了乒乓球。

據微軟介紹，使用者可以從任何裝置訪問這個空間，而

不需要特殊裝置。Mesh 發展到後期，企業主甚至能夠自定義空間，用來支持會議或聚會等特定場景。

可以清晰地看到，比之 Meta，微軟主要圍繞企業服務切入元宇宙，並從不同的應用場景出發開發功能。其實在更早一些的 2021 年 8 月，納德拉就已經提出透過旗下的 HoloLens、Mesh、Azure 雲等產品著力打造企業元宇宙。

微軟的「企業元宇宙」該怎麼理解？

這裡所謂的企業元宇宙，指透過融合數位與物理世界，建立出一個堆疊（特定儲存區）元宇宙。

這個平臺整合網路、混合現實及數位孿生等技術，使用者可以透過它建立自己的數位模型，透過模型還原現實場景並產生互動行為。

甚至，使用者還能透過這個模型預測未來的趨勢和狀態，及時干預和調整。聽起來是不是很厲害？這些功能將極大地方便企業主、商業團體等。

微軟的「企業元宇宙」可謂企業管理、商業經營利器。

據了解，埃森哲諮商公司（Accenture plc）是首家在 Microsoft Teams「辦公」的公司。這家公司的 60 餘萬名員工遍布全球 120 多個國家。為了便於管理和促進員工交流，埃森哲公司在平臺建了一個數位總部，並且在那裡為員工成功舉辦了 100 多場團隊活動。

2. 微軟：期待進軍遊戲元宇宙

遊戲方面，微軟又有什麼動作？據了解，微軟打算將元宇宙整合到遊戲裝置 Xbox 中，這會大大加強遊戲帶給人的沉浸感。

微軟執行長納德拉向外界透露了微軟進軍遊戲元宇宙的想法：

「你可以盡情期待我們進軍遊戲產業。《最後一戰》是一款遊戲，但它同樣是一個元宇宙。《Minecraft》是一個元宇宙，《微軟模擬飛行》也是。在某種層面上，它們今天是 2D 的，現在的問題是，我們能不能把它變成一個完整的 3D 世界？我們絕對打算這樣做。」

遊戲如何能成為元宇宙呢？以《微軟模擬飛行》為例，這款遊戲以世界為畫布，1：1 復刻地表環境，並利用 AI 的學習技術隨機生成環境要素，來豐富玩家的體驗。此外，遊戲還為玩家提供即時天氣、航道等訊息，打造一個高度模擬的遊戲環境，細節的豐富度令人咋舌。

網上有這樣一個說法：某遊戲玩家的女兒坐飛機回家，玩家自己就利用《微軟模擬飛行》中的混合現實功能，在遊戲裡選擇了女兒搭乘的這班飛機。除開啟遊戲的 10 分鐘延遲外，玩家幾乎與女兒同時起飛和降落。這位玩家「開飛機」時經歷的陰霾天氣、衝出烏雲等經歷，則與女兒一模一樣！

其實早在 2015 年，微軟就透過一款 HoloLens AR 裝置，把《Minecraft》遊戲中的世界「搬」到了現實中，這已經接近於現在所謂的元宇宙遊戲，只不過相對簡單和初級。

微軟如果將其數款帶有混合現實功能的遊戲轉變為一個完全的 3D 虛擬世界，則可能與 Meta 在這個領域相抗衡。

3. 願景：讓元宇宙世界無縫銜接

Meta 透過改名的方式高調彰顯自己打造元宇宙的決心和信心，微軟則透過企業化的產品布局，將切入點鎖定在元宇宙的商務應用領域。很多朋友開始議論，Meta 與微軟，誰能坐穩元宇宙第一把交椅。

微軟 VS Meta，你更看好哪一家企業？

筆者從基礎設施、硬體產品、目標客群、使用場景等對兩家企業的元宇宙布局進行了對比，具體內容以下表所示。

表 2-1：Meta 與微軟的布局

布局	Meta	微軟
基礎設備	Horizon、Diem 加密貨幣、Novi 錢包等	Mesh、Spaces、Azure 雲
硬體產品	Oculus 系列產品、高階 XR 眼鏡等	HoloLens 系列產品

目標使用者	消費者	企業、團體組織
使用場景	社交、辦公、娛樂	商務、辦公為主

不難發現，兩家公司在布局策略上的差異。

Meta 主打「社交＋元宇宙」，而微軟主打「商務＋元宇宙」。當 Meta 憑藉 Oculus 產品拿下 VR 產品最大的市場占有率時，微軟則藉助 HoloLens 產品促成了美軍一筆價值 219 億美元的合約。

其實，微軟並沒有刻意針對 Meta，甚至還參與過 Meta 的融資。

微軟的願景並不是與 Meta 競爭元宇宙霸主，而渴望成為多個元宇宙世界的黏合劑。

HoloLens 產品負責人基普曼（Alex Kipman）稱：「外面的世界認為會有一個元宇宙，每個人都將生活在『我的』元宇宙中。但在我看來，這是對未來的一種反烏托邦看法。我信奉多元宇宙。今天的每個網站都是明天的元宇宙。網際網路有趣的地方就在於網站之間可以自由連線。」

比起 Meta 搶占元宇宙入口的策略，秉持多元宇宙觀念的微軟更傾向於做多元宇宙的黏合劑。

比如微軟的 Mesh 平臺，本質上是幫助公司建立自己的「元宇宙」。公司可以依據自己的實際需要、資金投入等，打

造出大小不一、功用有別的「元宇宙」，而微軟則為使用者提供技術服務和平臺。

一旦元宇宙黏合劑的身分確立並鞏固，微軟的商業版圖必將大大擴張，而且這種擴張不以和 Meta 正面交鋒為前提或代價。

2.3

Google：低調布局軟體和服務

和 Facebook 一樣，廣告業務是 Google 收入的主要來源。在祖克柏高調宣布進軍元宇宙之時，Google CEO 皮查伊（Sundar Pichai）卻表現得異常冷靜，他多次向媒體表示，「公司的下一個兆來自搜尋」。

然而，其他人卻不這麼認為。《巴倫週刊》一針見血地指出：未來，Google 在元宇宙中處在最有優勢的位置。

何以見得？

1. 穩據安卓系統，Google 有本錢

如果說 Oculus 頭盔等硬體裝置是元宇宙世界的「入口」，那麼系統就好比「通道」。

任何優秀的硬體，都必須經由系統這條「通道」，才能聯通網際網路與使用者。

回溯一下歷史，我們就能明白系統的重要性。

2007 年 11 月，Google 組織成立開放式手機聯盟，與 30 餘家公司聯手打造了安卓智慧手機系統。同年，蘋果推出了 IOS 系統。此後，安卓系統與 IOS 系統成了行動智慧裝置的兩大頭部系統，具有近乎壟斷的地位。

在這兩大系統的強勢席捲下，微軟的 Windows Phone 系統及三星等研發的系統漸漸成為「前浪」。

發生在 4G 時代的系統之戰，同樣可能發生於元宇宙時代。但依靠安卓系統的廣闊使用者，Google 的籌碼不可謂不多。

蘋果的 IOS 系統雖然在效能和流暢度方面比安卓系統稍有優勢，但由於蘋果系統的封閉性和產品的高售價等特點，大量智慧裝置硬體廠商便投入了安卓的懷抱。以智慧手機而論，配適安卓系統的智慧手機市場占有率約為 87%。而市面上的主流 VR 裝置，如 Oculus Quest 2 等，搭載的也是安卓系統。

這樣看來，Google 就算默不作聲，也能穩贏！因為，它動或者不動，市場就在那裡。

此外，不容忽視的是，依靠系統稱霸全球的科技大廠，往往也憑藉這種不容討價還價的優勢獲得鉅額分成收益。蘋果的 Apple Store 會從系統軟體收取 30% 的手續費，這已是盡人皆知的事。

Google Play 的商店分成收益，同樣非常可觀。據美國 CNBC 電視臺一項報導，Google 的 Google Play 應用商店釋出的安卓應用占據了美國市場超過 90% 的占有率，且 Google 從使用者的應用程式付費中抽取 30% 的佣金。

除佣金外，在安卓智慧裝置中，Google 如果與硬體廠商達成協定，讓廠商預裝 Google 旗下應用程式，這樣一來，就能為 Google 應用程式的推廣搶占先機，並為 Google 構築一定的競爭壁壘。

穩據系統者，確實可以很有本錢地迎接科技世界的大風大浪。

2. 卓越人工智慧技術，布局使用者衣食住行

2014 年年初，Google 以 32 億美元收購智慧家居裝置公司 Nest。

這家公司的產品憑藉什麼打動了 Google 呢？

Nest 的產品在功能上，加入了感測器技術，能夠記錄使用者的使用習慣並且自動上傳數據。這樣一來，其智慧控溫器就能保持室溫處在一個令使用者舒適的狀態。此外，Nest 的產品能夠與其他智慧裝置連線，比如智慧手機或平板電腦，方便使用者了解家裡的狀況。

當時有人分析，Nest 一款恆溫器的售價為 249 美元，煙

霧監測器的價格則為 129 美元，Nest 一年的銷售收入也就在 3 億美元左右。

Google 如此大手筆地收購，目的究竟是什麼？

原因可能主要在於 Google 對未來市場的預判上。

一直以來，Google 對智慧化產品有相當大的興趣。「智慧＋生活」幾乎成為 Google 尋求突破的一條重要路徑。

2010 年，Google 開始研發無人駕駛汽車。6 年後，Google 的無人駕駛汽車獲得美國國家公路安全交通管理局的承認而合法化。

收購 Nest，意味著 Google 由自動駕駛向智慧家居又邁進了一步。

2021 年 1 月 14 日，Google 又收購了可穿戴裝置廠商 Fitbit。憑藉這筆收購，Google 終於由 2014 年著手研發可穿戴作業系統，全面進軍可穿戴裝置的系統和硬體領域。

據了解，Fitbit 是全球第一家上市的可穿戴裝置公司，其產品遍及 100 多個國家和地區，全球的累計銷售量超過 1 億臺。這樣的收購，疊加 Google 在人工智慧方面的研發優勢，可謂強強聯合。

智慧出行、智慧家居、智慧可穿戴裝置……隨著人工智慧技術的不斷突破和智慧化硬體產品系列越來越豐富，Google 正在越來越緊密地滲透人們衣食住行的各方面。

Google 旗下圍繞衣食住行而展開的智慧裝置，在元宇宙時代，既可以作為使用者通往元宇宙世界的入口，也可以作為使用者智慧化生活的輔助工具。無論如何，這些裝置與元宇宙的廣闊世界聯通後，將在人們的生活中扮演不可或缺的角色。

誠如專家所言：「Google 是跨界非常大的例子，他做無人駕駛汽車，其實做的並不是汽車，是做四個輪子上的一臺電腦，不光是賣給使用者一輛汽車，而是希望解決更宏觀的問題，比如交通堵塞問題。」

Google CEO 皮查伊在媒體面前所說的「公司的下一個兆來自搜尋」，彷彿有了一絲暗度陳倉的意味。

3. 無論怎樣，Google 對 VR/AR 的興趣從未消減

2012 年 4 月，Google 推出 AR 眼鏡 Google Glass，2 年後，專案擱淺。

眾所周知，Google 眼鏡是一次失敗的嘗試，是 Google 在 VR/AR 這條路上走得並不順利的一個小小注腳，但 Google 從未放棄類似的嘗試。

2014 年 5 月，Google 推出簡易版 VR 眼鏡 Google Cardboard。這款造價低廉的紙板盒 VR 產品為使用者帶來了簡單的 VR 體驗。

使用者按照說明組裝紙板、凸透鏡、魔鬼氈等部件後，就能組裝出 VR 眼鏡。這款眼鏡加上智慧手機和 Google 的 Cardboard 應用，就能組成一個 VR 裝置。

這款產品遠沒有專業版 VR 眼鏡那麼高畫質，但它簡單、有趣，其引發的轟動效應吸引了大量對 VR 不甚了解的使用者購買體驗。在 2016 年年初，其銷售量突破了 500 萬，堪稱「推廣 VR 技術的大使」。

2016 年，Google 釋出 Daydream VR 平臺及頭戴顯示裝置。然而，這款重度依賴手機的 VR 產品遭遇強勁對手 Oculus 等推出的產品的衝擊。2020 年 10 月，Android 11 不再支援 Daydream VR。

2017 年 8 月，Google 針對蘋果的 ARKit，推出 AR 開發平臺 ARCore 。這款產品利用硬體裝置和軟體，可以把數位對象投放到現實世界中。ARCore 的核心功能有 3 點：推測相機的運動軌跡；感知環境；感知光線。舉個例子，ARCore 可以使得虛擬物體根據現實環境和光線，生成符合環境特點的影子，影子的方向和現實人物的方向是一致的。

Google CEO 皮查伊曾公開表示：「我一直對沉浸式計算（包括 VR 和 AR）的未來感到興奮。這不屬於任何一家公司，這就是網際網路的演變。」

目前，Google 在人工智慧技術和機器學習（Tensor

Flow）技術方面，已取得相當大的成就。其 AR/VR 之路雖然曲折，卻不斷將實驗性專案落實為各類創新性產品。除開這些，Google 的雲端計算（Google Cloud）技術在元宇宙時代噴湧式數據處理與儲存需求下，也有相當明顯的優勢。

以上這些，連同安卓系統的廣闊應用，構成 Google 擁抱元宇宙時代的真正本錢。比之 Meta 的激流勇進，Google 更像一位功力深厚但沉默寡言的高人。不妨借用一位美國作家的話來形容 Google：

「冰山之所以雄偉壯觀，是因為它只有八分之一浮在水面。」

2.4

蘋果：欲拒還迎，「我們將其稱為擴增實境」

當大廠們爭相推出自家的「元宇宙」概念和願景時，蘋果顯得極為淡定。不僅如此，蘋果的 CEO 庫克（Tim Cook）甚至對採訪的《時代》（*Time*）雜誌記者說：「我們不會追流行詞，別說那是什麼元宇宙，我們將其稱為擴增實境。」

沒錯，蘋果是 FAANG（尖牙股，指的是美國五家科技巨頭 Facebook、Apple、Amazon、Netflix 和 Google 的股票）中唯一一家沒在會議和活動中直接提「元宇宙」的公司。

如果你憑藉這就認為蘋果對元宇宙「不太用心」，那就大錯特錯了。

蘋果拒絕「元宇宙」概念，卻在積極擁抱元宇宙世界，而庫克的回答也直接指明了蘋果通往元宇宙的重要手段：AR 技術。

1. 蘋果可不是什麼姍姍來遲的玩家

有人替庫克著急：Facebook 已經改名為 Meta，向來低調的微軟已經喊出「企業元宇宙」口號，Google 在人工智慧技術方面儼然一枝獨秀，蘋果這次豈不是成了姍姍來遲的玩家，怎麼還不趕快跑步入場？

不妨先看看蘋果在元宇宙重點技術 AR/VR 領域的布局，再判斷蘋果是不是真的「姍姍來遲」。

筆者梳理了蘋果在 AR/VR 領域的重點動作。

- 2010 年，蘋果收購瑞典公司 Polar Rose，這是一家專注研究臉部辨識技術的公司。
- 2013 年，蘋果花重金收購以色列公司 Prime Sense，這家公司以即時 3D 運動捕捉技術而聞名。
- 2015 年，蘋果收購德國一家擴增實境技術公司，將該公司的 170 餘項專利收為己用。這一年，蘋果還收購了瑞士一家臉部辨識技術公司。
- 2017 年，蘋果收購加拿大一家混合現實技術公司，並由此擁有了將 AR 和 VR 整合到同一款頭顯產品的技術。後來江湖不斷傳出「蘋果將釋出整合 AR 與 VR 功能頭盔」的消息，原因可能就始於此。

同年，蘋果推出 AR 開發平臺 AR Kit。這款平臺號稱

「世界最大的 AR 平臺」，優化蘋果手機效能的同時，也吸引了 AR 開發者。它可以廣泛用於購物、休閒等不同領域。例如，家居品牌可以在該平臺利用 3D 掃描件生成 3D 模型，使用者透過 iPhone 瀏覽一款產品時，可將該產品的虛擬複製品擺放到房間裡，以觀察產品的擺放效果。使用者甚至還可以清楚看到產品的紋理等細節。

- 2020 年，蘋果收購虛擬實境公司 Next VR 和 Spaces。這一年，蘋果 AR 開發平臺 AR Kit 疊代到第 4 版本。AR Kit 4.0 優化了深度 API（Application Programming Interface，應用程式介面，提高 AR 測距的準確性）、位置錨定、臉部追蹤擴展等功能。
- 2021 年，蘋果推出 Object Capture（對象捕捉）功能，使用者可藉此在幾分鐘內將幾張 iPhone 照片合成渲染成非常逼真的 3D 模型，操作過程非常簡單。廠商則可以藉助這項功能，為使用者提供虛擬預覽體驗。比如，廠商透過 iPhone 建立了一把躺椅的 3D 模型。使用者則可以在家中用 iPhone 或 iPad 將 3D 模型投射在家中，預覽躺椅放在家裡的效果，從而選擇適合自己家裡的產品。

同年，蘋果 AR 開發平臺 AR Kit 疊代到第 5 版本。AR Kit 5.0 新增倫敦及更多美國城市對位置錨定功能的支持，增強了運動追蹤功能等，進一步豐富了使用者的擴增實境體驗。

此外，據了解，目前蘋果公開可查的 VR/AR 關鍵專利已經超過 330 項，涉及 VR 裝置散熱、VR/AR 切換、VR 裝置輕量化、眼球追蹤等多個方面。

當一些人抱怨「賈伯斯之後，蘋果再無驚喜」時，蘋果已經在 VR/AR 領域上跑了很遠。只不過，以蘋果追求極致的精神，其拿出來的一定會是相當成熟的產品。

2. 庫克：AR 是蘋果未來至關重要的一部分

隨著全面螢幕、摺疊螢幕智慧手機的推出，智慧手機及相應研發者如何尋求進一步的突破，成了困擾包括蘋果在內的眾多前沿智慧機研發者的一個大難題。

2021 年 4 月 6 日，蘋果 CEO 庫克在接受《紐約時報》（*The New York Times*）採訪時表示，AR 是蘋果未來至關重要的一部分。

有人認為，藉助 VR/AR 產品，蘋果可以拓展自己的產品循環生態，並將其進一步擴展。VR 和 AR 產品，有望成為提升蘋果業績的新品類。

有人猜測，蘋果的 AR 產品或將令蘋果再攀業績高峰。畢竟，除了智慧手機，在玩轉了 Apple Watch、AirPods 後，蘋果需要再拿出點新花樣了。

此前，蘋果推出 Apple Watch，該產品首年的銷量就達

到 1,200 萬臺，並帶動了智慧穿戴市場的熱度。蘋果推出 AirPods 後，強勢占據了無線藍牙耳機市場將近一半的市場量，整個無線藍牙耳機市場也因此而連續幾年處在良好發展態勢。

有不少產業人士稱：「蘋果的入局，將為 VR 產業注入一劑強心劑。」

一位來自香港的蘋果分析師郭明錤認為：「在蘋果 AR 布局上，蘋果較大可能最先釋出輕量級頭盔產品，也就是傳聞中的 Apple Glass。」

郭明錤還預測了蘋果的布局藍圖：2022 年推出頭戴裝置式產品；2025 年推出眼鏡式產品；2030 至 2040 年推出隱形眼鏡式產品。

總體來看，推出新產品既是蘋果發展自身的需求所在，也符合科技產業對蘋果的期待。

3. 蘋果帝國護城河：封閉式生態

蘋果硬體產品的優勢自然毋須筆者贅述，筆者只想提醒讀者朋友留意，除了靠實力說話的硬體產品和良好內容生態，蘋果還有一條絕佳護城河：封閉式生態。

蘋果的產品有多封閉？開發者必須用蘋果認證的程式語

言編寫 IOS 應用程式，而 IOS 應用程式也只能在蘋果系硬體使用；所有的軟體只能透過蘋果的 App Store 下載，蘋果從使用者的應用付費中收取 30% 的手續費；同時，蘋果管理所有軟體的許可權。

有人覺得蘋果這樣太「高冷」：莫非硬體只能蘋果一家獨大？

也有人覺得這樣好：能夠遠離安卓式卡頓和廣告滿天飛的尷尬。

其實，蘋果之所以成為今日的蘋果，離不開其封閉式生態。

1996 年，蘋果處在生死存亡之際，股價從 1991 年的 70 美元跌至 14 美元，現金流不夠維持多久，市場占有率也只有微乎其微的 4%。

當時，蘋果的聯合創始人沃茲尼亞（Steve Wozniak）在考慮：讓蘋果放開 Mac OS 系統的授權。

1997 年，賈伯斯回歸蘋果並掌權後做的第一件事，就是立即停止售賣 Mac OS 給外部硬體廠商，保持蘋果系統的獨立。

事實證明，封閉式系統和生態成為蘋果的護城河。透過 App Store 和 IOS 系統，蘋果成為智慧手機中始終保持自己獨特「品味」和強大創新力的品牌，以領先姿態超越了眾多實

力不凡的競爭者，比如三星。

　　而現在，蘋果獨一無二的生態系統有足夠的粉絲群和使用者黏性。憑藉蘋果在硬體和軟體上的優勢、使用者認知與黏性，其在元宇宙中的地位，也很難被撼動。

　　優質硬體＋內容生態＋封閉式作業系統，這套模式令蘋果手握其他科技大廠渴望而難以企及的利器。無論外界對「元宇宙」的熱情如何高漲，蘋果依然可以一面保持冷靜，一面持續研發產品。

2.5
輝達：我們只搭建元宇宙基礎設施

當眾多科技大廠積極布局元宇宙時，晶片大廠輝達（NVIDIA）表現出了不亞於祖克柏的熱情。

如果說，祖克柏是透過布局硬體產品據守元宇宙入口，透過「改頭換臉」表明進軍元宇宙的決心，輝達就是直接透過「炫技式」表演技驚四座，高調秀出自己的「肌肉」。

毫無疑問，炫技是成功的。

祖克柏釋出「元宇宙」策略以來，輝達搭乘元宇宙東風，股票一路突飛猛進，飆升 1,910 億美元，坊間戲稱「漲出了一個英特爾」。

1. 秀肌肉：「假黃仁勳」的 14 秒直播秀

2021 年 8 月，輝達聯合創始人黃仁勳的一段影片在社群平臺掀起熱議。這是黃仁勳在 2021 年 4 月作的一場發布會演講影片。

為什麼一段演講影片，隔了 3 個月被翻出來，並且占據社群平臺呢？

原來，在這場演講中，有 14 秒為虛擬替身出鏡。

直至發布會 3 個月後，也就是 2021 年 8 月，官方自行披露這段演講影片中出現了虛擬替身，沒人站出來質疑過這段演講影片，也沒有人發現影片有什麼異常。

輝達官方「自我曝光」後，話題「黃仁勳騙過了全世界」一度登上關鍵字熱搜榜。

那段演講影片中，「黃仁勳」的臉由幾千張照片合成渲染，並透過 3D 建模而生成。黃仁勳代表性皮衣、廚房烤箱、罐頭，乃至畫面中的樂高玩具等，也都是透過技術渲染生成的。14 秒的虛擬出鏡中，「黃仁勳」的皮膚皺紋、毛髮等細節都非常逼真。

據了解，共有 34 位 3D 美術師和 15 位研發人員參與這段虛擬演講的製作。

而輝達之所以以這種別開生面、話題十足的方式「秀肌肉」，是為了推出「假黃仁勳」背後的實力平臺：Omniverse。

該平臺正是黃仁勳在 4 月的演講中特別介紹的平臺，也可能是目前為止輝達在元宇宙領域上領先對手的最強實力所在。

2. Omniverse：工程師的元宇宙

「你可能認為你不會進入元宇宙，但我保證在 5 年內，我們所有人都會以各種方式進入其中。頂級公司也將建立在相互連線的虛擬世界上。」輝達 Omniverse 平臺副總裁理查 · 凱瑞斯（Richard Kerris）篤定地表示。

作為全球首個為元宇宙建立的模擬平臺，Omniverse 致力於讓 3D 設計人員等在任何時間、地點，跨越多個軟體程式，相聚於共同的虛擬世界，並展開即時合作。

比起 Meta 的「社交元宇宙」、微軟的「企業元宇宙」，輝達希望為使用者提供一個「工程師的元宇宙」。

Omniverse 不試圖扮演元宇宙本身，而更像是一個生產工具，幫助開發者建立虛擬角色和 3D 的虛擬世界。Omniverse 由 5 個部分構成：

- Nucleus：協調平臺所有服務和應用。
- Connect：連線平臺與其他 3D 工具。
- Kit：允許開發者用自己喜歡的程式語言開發應用。
- Simulation：囊括了輝達累積的物理模擬技術。
- RTX Renderer：透過即時光線追蹤技術渲染影像。

具體說來，Omniverse 有這些特點：

- 能夠執行具有真實物理屬性的虛擬世界，比如，輝達的圖形技術可以即時模擬每條光線如何在虛擬世界展開；
- 可以和其他數位平臺打通；
- 支持即時渲染出電影級畫質，在渲染能力和效率上，可謂技驚四座，此前全球頂尖的裝置渲染一幀畫面光影也需要十幾秒的時間；
- 應用方面，除了遊戲、建築、製造之外，還可以應用於超級計算等眾多領域。

對於輝達的「元宇宙」策略，黃仁勳曾公開表示：「我們搭建的是一個元宇宙的技術基礎設施，包括設計引擎、技術引擎以及技術平臺，這是區別於其他企業的，我們不做應用程式。」

「有了 Omniverse，我們就有了建立全新 3D 世界或對物理世界進行建模的技術。而如何使用 Omniverse 模擬倉庫、工廠、物理和生物系統、5G 邊緣、機器人、自動駕駛汽車，甚至是虛擬形象的數位孿生，是一個永恆的主題。」

輝達為了打造 Omniverse 平臺，打磨了 5 年時間。

在這 5 年中，輝達的許多電腦圖形技術取得了進步，比如即時光線追蹤等。同時，輝達卻發現，3D 工作非常複雜，需要處理的問題很多，比如：3D 數據的移動、3D 工具間的相容性問題、執行 3D 內容所需的硬體條件等。

基於這些問題，輝達試圖打造一個平臺，解決 3D 工作的相關問題。Omniverse 隨之應運而生。

輝達表示，數位化的虛擬世界同樣必須具備現實世界的物理邏輯，在此之外還能幫助人們體驗現實世界中無法體驗的經歷。這個數位空間將孕育更大的經濟實體。

該平臺在 2020 年開始公測，BMW 透過 Omniverse 打造了數位工廠，甚至藉此優化了企業內部流程，將生產效率提高了 30%。

目前，包括 BMW、Volvo 富豪汽車、愛立信（Ericsson）、索尼影視動畫等在內的 700 多家企業已與輝達達成合作。

3. 算力：逼真虛擬形象背後的技術支撐

輝達 2021 年的 GTC（GPU Technology Conference）大會上，黃仁勳展示了以自己為模版製作的虛擬形象 Toy Jensen。Toy Jensen 可以自如地與人交流。

據了解，Toy Jensen 使用 Omniverse 平臺工具製作，透過語言處理技術合成了黃仁勳的真聲，其後又經過人工智慧訓練。最終，Toy Jensen 不僅能用和黃仁勳相同的姿勢講話、相同的聲音發聲，還能對天文學、生物學、氣候變化等複雜問題對答如流。

不僅如此，這個整合輝達光線追蹤技術的虛擬形象，就連眼鏡隨著光線的變化而變化的反光都捕捉到了。

展示過程中，Toy Jensen 的所有動作和反應都是即時生成的，而不是預先設定的。Toy Jensen 現場回答了人們提出的諸如氣候變化、生物蛋白質等高難度問題，表現得十分「從容」。

越來越逼真的虛擬形象背後，晶片大廠輝達所依靠的正是強大的算力。

算力被視作元宇宙的底層支柱。無論是 VR、AR 或者區塊鏈，虛擬世界中的一切都需要依靠算力而實現。

前文提到的「14 秒替身」和 Toy Jensen 都集中展示了輝達的強大影像運算能力。

據了解，輝達在這方面已經有長足發展。除了自身的 Omniverse 平臺，輝達還為大型企業提供人工智慧應用所需的圖形處理器。其服務對象包括亞馬遜、微軟、Google 等。2021 年第三季度，輝達數據中心的銷售額達到 29 億美元，比去年同期增長 55%。

「許多公司一直在談論元宇宙這個話題，但只有少數企業能夠真正從技術上實現。輝達的 Omniverse 平臺首次在一個共同的虛擬空間中實現了真正的合作式創新，這可能會改變幾乎所有產業。」研究機構 Jon Peddie Research 的總裁兼創始人 Jon Peddie 博士如此評價輝達的 Omniverse 平臺。

2.6
從二次元到跨次元，虛擬偶像進化論

乘著元宇宙的東風，某社群平臺一虛擬偶像短時間內吸引 500 多萬粉絲，一出道就已經抵達很多真人偶像終身達不到的巔峰。

虛擬偶像是什麼，它會在元宇宙中扮演什麼角色？

1. 虛擬偶像：從螢幕走入現實

說起虛擬偶像，有的人還是一頭霧水，他們不明白虛擬的人怎麼能夠成為偶像，被粉絲追捧，他們或許更難以理解的是，虛擬偶像市場正呈現勃興之勢。

究竟什麼是虛擬偶像呢？

虛擬偶像是二次元文化與 AI 技術結合的產物。具體來說，虛擬偶像指人工創造的，透過繪畫、動畫、CG（電腦動畫）等技術，在現實場景或虛擬世界進行偶像活動的虛擬形象。這些形象往往帶有某些明顯的文化或商業上的目的（換句話說，這些虛擬形象也有任務，需要「工作」），其「人設」也多與這些目的契合。

如果對虛擬偶像分類，大致可以分出 2D 偶像和 3D 偶像兩種。由於短影片、直播等形式的流行和虛擬偶像市場的發展，越來越多的 2D 虛擬偶像也逐漸轉為 3D 偶像。

跟傳統的二次元形象比起來，虛擬偶像無論是外形、聲音、氣質、性格乃至情感等方面，都與人類更為接近。

技術的發展把虛擬偶像由早期的音樂、繪畫、遊戲、動漫等領域進一步推向大眾。支持虛擬偶像進行偶像活動的核心技術主要有動態捕捉、語音合成和全息投影。

● 動態捕捉

動態捕捉技術為人的真實身體與虛擬形象之間建立了連線，這種人機互動形式讓虛擬偶像更具有真實感。一些直播平臺中，也開始有真人主播用動態捕捉軟體生成自己的虛擬形象，打造自己的專屬偶像。

● 語音合成

可能很多人並不了解這點：虛擬偶像的大部分歌曲其實是粉絲創作的。粉絲透過軟體生成歌曲後，整合語言合成技術的虛擬偶像再「唱出粉絲心聲」，這樣粉絲就在虛擬偶像身上「看到」一個更完美的「自己」，粉絲就從偶像身上獲得了情感上的滿足。

2010 年，日本虛擬偶像初音未來的演唱會上，5,000 多名狂熱粉絲為其吶喊和尖叫。

● 全息投影

虛擬偶像的演唱會中，關鍵技術是全息投影。這項技術可以將 3D 的虛擬形象投射在現實場景中，虛擬形象與真實表演者相互配合與互動，從而讓整個演唱會似夢非夢。觀眾則能獲得一種深度的沉浸體驗。

在這些技術的加持下，很多虛擬偶像開始越來越頻繁地活躍在公眾視野前，從螢幕走入現實。不僅辦實體演唱會，還亮相真人直播間、登上舞臺與真人明星同臺表演。

其他領域，也不斷有虛擬人物在滲透。這些虛擬人物整合了成熟的 AI 技術，已經成為現實中人們的得力助手。

和真人相比，虛擬偶像有哪些優勢？

- 可塑性強。真人偶像因自身條件的限制，往往會被框定在某個領域內，而虛擬偶像的性格、才華等都是可以人為選擇並加以強化的，可塑性更強。
- 永保青春。跟真人偶像不同的是，虛擬偶像不必擔心容顏變老，反而可以隨著潮流的變化不斷煥發新的活力和光彩。

- 沒有人設塌陷的危險。真人偶像可能發生人設塌陷，一旦這樣的事情產生，引發的一系列後果很可能給合作廠商帶來很大的負面影響，虛擬偶像卻很難出現這樣的問題。

目前，虛擬偶像市場正在蓬勃發展。一項數據顯示，2020 年虛擬偶像的市場規模達到了 34.6 億元，帶動周邊市場規模為 645.6 億元。

③ 最大 IP（Intellectual Property，智慧財產權）？虛擬偶像的元宇宙「星途」

如果說元宇宙世界中，人人皆有數位化身，虛擬偶像成為主流偶像和元宇宙最大 IP，那麼，我們不妨討論一下元宇宙中虛擬偶像的「星途」。

● 虛擬演出和直播

除了演唱會，虛擬偶像也可以參與直播、綜藝等活動。總而言之，真人偶像可以實現的，虛擬偶像都可以實現。

● 角色扮演

虛擬偶像可在電影、電視劇及模擬遊戲等中扮演角色。

● 教育培訓

虛擬偶像不必局限於娛樂領域，也可以根據自身的特長（靠技術支援）化身文化 IP、知識 IP 等。AI 具有出色的學習能力，其參與教育培訓效率更高，影響也將十分深遠。與現在的一些明星舉辦的「聲樂培訓」、「鋼琴教學」等比起來，虛擬偶像的培訓班將更支持私人化訂製，就像家教一樣。

● 產品代言

目前，一些品牌已經與虛擬偶像有合作，但有的虛擬偶像因代言的產品與自身的「人設」匹配度不夠而引發非議。隨著虛擬偶像形象進一步豐滿，這些尷尬是可以化解的，其代言之路也會更寬廣。

此外，品牌虛擬化也會成為一種趨勢。現在有很多品牌都看到了虛擬偶像的商業潛力，於是打造出品牌虛擬 IP。

● 參與行銷

虛擬偶像還可以參與品牌行銷等，比如可以發起品牌全民活動等。

● 虛擬陪伴

虛擬偶像可以與真人建立情感連線，部分虛擬偶像可以化身朋友，與粉絲共進晚餐等。「名氣不夠大」的虛擬偶像甚至可以退而求其次，化身為虛擬男友、虛擬女友、獨居老人的虛擬陪伴者等。

可以預見的是，元宇宙時代，虛擬偶像必將大放光彩。

第 3 章：

「元宇宙＋」，哪些產業擁有新機會

有人說，網際網路時代，每一個產業都值得重做一遍。

「超市＋網際網路」，成就了購物網站；「傳統通訊＋網際網路」，成就了通訊軟體；「菜市場＋網購」，成就了團購平臺……即將到來的元宇宙時代，有人稱之為「第四次工業革命」，認為此次「革命」將創造一個線上和實體融合的世界。也有人稱元宇宙為「下一站網際網路」。

變革之下，哪些產業將發生鉅變，迎來新機遇？

3.1

元宇宙＋遊戲：遊戲平臺或演變為流量平臺

積極擁抱元宇宙世界的人中，多數人持這樣的看法：元宇宙必然是遊戲先行。

為什麼？

❶ 元宇宙為什麼是遊戲先行？

遊戲是一個虛擬的空間。在這裡，使用者以虛擬身分加入並參與各種活動。人人皆「玩家」，人人皆有虛擬身分。這個空間形態最接近元宇宙世界。

於是，遊戲就理所當然地成為元宇宙的早期形態和眾多科技大廠爭霸的領域。一位遊戲公司創始人就曾公開表示，要打造「10 億人生活的虛擬世界」。

● Epic Games《要塞英雄》

像其他傳統遊戲一樣，《要塞英雄》有一套並不算很新穎的遊戲設定：探索世界，對抗怪物和其他競爭對手，拯救家園。

不同於傳統遊戲的是，《要塞英雄》在傳統遊戲的基礎上增添了很有意思的的互動元素、社交元素、IP 元素等。

遊戲內的多數建築可以拆成一磚一瓦，沒有什麼確保安全的「避難所」，玩家想「保命」就必須花心思研究進攻和防守戰術，甚至得自己動手搭建掩體。有的玩家搭掩體搭上了癮，結果，一場「廝殺」演變為不同玩家在遊戲內拚命比賽搭「違章建築」。

遊戲推出的「派對世界」模式可以讓玩家在遊戲裡閒逛、交朋友或者玩小遊戲，玩家的停留時間隨之明顯拉長。

說唱歌手 Travis Scott 在這裡舉行了音樂會，創下全球 1,230 萬人觀看的紀錄。有趣的是，Epic Games 提前一週就在遊戲裡搭建舞臺，玩家可以親眼看見「工地」施工進展。甚至，官方還鼓勵玩家「穿」自己最搶眼的「皮膚」（裝扮），提前半小時入場替自己找一個合適的觀眾席。

遊戲融入了多個超級 IP，星際大戰、復仇者聯盟等 IP 現身遊戲中的露天劇場，遊戲內還投放過《復仇者聯盟》中的角色鋼鐵人等。

樂高風險投資公司 CEO Rob Lowe 對《要塞英雄》給予了很高的評價，認為其是「遊戲產業首個可信的元宇宙虛擬世界」。

Epic Games 創始人兼 CEO Tim Sweeney 認為：「元宇宙不會由某一個超級公司打造，而是由數百萬人的創意工作組成。」Sweeney 秉持這樣的想法，希望打造出一個開放、包容的元宇宙世界。

● Roblox 的元宇宙世界

這款遊戲的精妙之處在於，遊戲沒有為玩家提供劇本。使用者想要一個怎樣的世界，需要自己去創造。正如 Roblox 創始人兼 CEO 所說：「我們是牧者，而非生產者。」

平臺的社交屬性很強，使用者可以檢視附近的玩家，在平臺內開會、辦音樂會和開派對等。在平臺中獲得的虛擬幣，甚至可以轉換為真實貨幣。

平臺的開放性催生了大量 UGC 內容。使用者不僅作為玩家，也可以反過來，自己開發遊戲給其他使用者玩，這樣的遊戲在 Roblox 裡以千萬計。據了解，2020 年，開發者透過平臺拿到的分成收入已經超過 10 億美元，這可不是一筆小數目。

當一位玩家在遊戲裡既「創造」了自己想要的生活，交到了朋友，又產出內容供他人娛樂並且還可能獲得報酬時，他獲得的快樂和滿足就像真實生活裡一樣。

使用者以虛擬身分參與社交、經營、娛樂等活動時，隨著附著在這個虛擬世界的真實社會關係越來越多，遊戲就會越來越成為一個豐富立體的世界。這奠定了遊戲作為元宇宙初級形態的基礎。

● 遊戲《釀酒大師》

2021 年 9 月，某遊戲公司宣布正在研發一款全擬真社交經營遊戲《釀酒大師》。

與其他遊戲有很大不同的是，平臺內玩家可透過該遊戲虛擬釀酒，並在實體酒廠提取實物白酒。

總而言之，遊戲是元宇宙入口，也是使用者的舞臺。它包容所有的想像和創造力，並為使用者提供真實的社交、經營、娛樂等體驗。

據筆者了解，不少公司已開出百萬年薪搶奪元宇宙遊戲專案人才，涉及遊戲開發、場景架構、遊戲策劃與營運等。

2. 看趨勢：遊戲將會有哪些變化？

元宇宙時代真正開啟時，遊戲會有哪些變化？筆者認為，屆時遊戲的類型、風格、商業模式、生態、使用者與開發者、終端等都會發生變化。

● 遊戲類型

隨著 VR 技術等的發展，具有高度沉浸感的 3D 模擬遊戲和生態成熟的高互動遊戲會越來越受歡迎並成為主流，虛擬與現實之間的間隔逐漸被打破。

遊戲逐漸變為半開放式，使用者自己去探索遊戲世界，並創造一些自己喜歡的新場景和情節等。

● 遊戲風格

遊戲會更加開放和多元。基於 5G/6G 網路的發展，使用者不必在畫質與流暢度中做艱難的取捨，還能進一步解鎖除了視覺、聽覺外的觸覺等感官享受。

同時，隨著 AI 的發展，AI 將替代人工承擔越來越多的臺詞設計、互動、特效等工作，並模仿人類的真實反應，完美扮演遊戲中的非玩家角色。

● 遊戲商業模式

遊戲會發展起完整而獨立的數位經濟，接入 NFT 等金融產品。

同時，遊戲內的虛擬商品可能會具有唯一性；有的虛擬物品甚至可支持使用者自行加工、二次創作。使用者還可以進行虛擬物品拍賣，賺點「銀子」。

● 遊戲生態

遊戲玩家不僅可以玩遊戲，還會在遊戲裡參加聚會、聽音樂會、表達自己等。

遊戲可能逐漸脫離現在的身分，慢慢成為現實生活的延伸，平臺本身則可能演變為一個流量社群。

● 使用者與開發者

在可編輯的開放遊戲世界，UGC 生態會越來越成熟，高階玩家將脫穎而出。

將由使用者定義遊戲，而不是遊戲定義使用者。使用者將重塑遊戲的內容，賦予其更多個性化的價值，這可能還會影響辦公、教育、科學研究等諸多領域。在遊戲裡辦公、上課，這在元宇宙世界裡很可能不再是天方夜譚。

● 遊戲終端

在遊戲裝置方面，目前最輕便的頭戴顯示裝置，使用者戴久了也會累。

隨著技術的疊代，體型小、重量輕、便攜並更符合人體工學的硬體裝置將取代現在相對笨重、生硬的裝置。由於雲端計算的發展，使用者不必非得購買高階裝置才能享受到順暢的遊戲體驗。

3.2

元宇宙＋娛樂：沉浸式體驗，不一樣的娛樂活動

在現實生活中，真人偶像有時會「人設崩塌」，而虛擬偶像的明星生涯卻可能比真人偶像更長久。

在元宇宙，娛樂活動會發生什麼變化，又會對我們的生活產生什麼影響？

1. 虛擬綜藝

2021 年 9 月 22 日，美國福克斯公司（Fox）推出的虛擬人物歌唱綜藝節目《另一個我》（*Alter Ego*）進行了首播。

這檔節目有點類似於韓國綜藝節目「蒙面歌王」。參與者可以隱藏自己的真實面容，按下按鈕後，虛擬替身就會上臺進行唱跳表演。

透過即時動作捕捉技術等，真人選手的表演可以由虛擬替身同步呈現在舞臺上。評審則現場對「選手」的表演進行講評。

從節目效果來看，動態捕捉技術已經能夠將選手生動地呈現在觀眾面前。節目中，一位選手在演唱前無意識地撓了撓頭髮，結果虛擬人物的撓頭、頭髮飄動等細節也都被即時還原。

除了還原選手的真實動作細節外，虛擬選手更有多重「特技」傍身，比如與評審互動時從胸口發射小愛心等。虛擬選手還會根據表演需要，或騰空而起，或撒出星星點點的銀光等。

這檔別開生面的綜藝節目播出後，引發了廣泛討論。

有人認為，這樣的節目形式打破了外表、身材、年齡甚至性別對人的框定和束縛，人們可以藉此盡情施展自己的才華，而不必顧慮別的。

在人人皆有虛擬化身的元宇宙世界，普通人或將與超級IP 出現在同一檔綜藝中，交流互動、比拚才藝。虛擬化身則可能成為個人打造 IP 的重要工具。

當然，筆者認為虛擬綜藝如果要獲得更好的效果和口碑，在互動性、建模的精緻度等方面需要繼續提升。

互動性方面，可以讓觀眾參與節目的環節設計、出鏡，乃至決定人員去留等。比如，觀眾可以在某些環節挑戰節目中的演員等。

建模方面，可以突出角色的個人特色，進行精細化設計。

2. 虛擬偶像及周邊

筆者在前文指出，虛擬偶像有可能成為元宇宙世界的最大 IP。

虛擬偶像的繁榮，一方面有即時動態捕捉、全息投影、AI 學習、AI 語音合成等技術作為基礎；另一方面，Z 世代對二次元文化、虛擬社交等接受度高，也使得虛擬偶像被更多大眾接受。

虛擬偶像市場呈一派欣欣向榮景象。

同時，虛擬周邊也將越來越受歡迎。

筆者了解到，虛擬歌手的周邊包括滑鼠墊、積木、海報、單肩包、冰箱貼、馬克杯、掛飾、壓克力立牌、徽章、資料夾、繞線器、T 恤、應援棒、悠遊卡等。多數周邊的價格在 100 到 300 元間，不是很高。當然，這些周邊都是實體的。

元宇宙時代，使用者會為更多虛擬周邊買單，比如下面這些。

- 虛擬偶像主題「裝扮」。穿上「裝扮」後，使用者可以擁有與虛擬偶像同款的裝扮。張揚自己個性的同時，也「秀」出自己的喜好和審美等。
- 虛擬道具。比如聽虛擬演唱會時可以用到的虛擬應援棒、虛擬鮮花等。

- 數位紀念品。基於 NFT 技術的虛擬偶像紀念品既滿足使用者「追星」需求，又具有收藏價值，使用者甚至可以為之建造一間虛擬藏品屋。

當然，使用者還可以透過虛擬物品集市等與元宇宙的同好們交流。

③ 線上劇本殺

劇本殺本質上是一種帶有推理性質的派對遊戲，這種遊戲由於綜合了推理、互動、社交、探險等元素，很受年輕一代的歡迎。

筆者認為，元宇宙時代，由實體轉至線上的劇本殺有望成為人們廣泛參與的一種娛樂形式。現有的遊戲中，Rival Peak 就具有線上劇本殺的特點。

Rival Peak 預設了這樣一個背景：12 名 AI 玩家必須透過團隊合作的方式解開謎題，從而在變幻莫測的野外環境贏得生存機會。

這種新穎的遊戲形式最大的特點是讓 12 名玩家與無數觀眾實現了「聯動」。當玩家試圖絞盡腦汁解決問題時，觀眾可以在旁幫助或阻礙參賽者，並獲得一些積分。

主辦單位透過讓觀眾參與遊戲、決定遊戲內玩家去留等方式，大大增加了遊戲的互動性。該遊戲在高峰時有 60 萬人共同圍觀，其直播互動次數超過 2 億次。

元宇宙時代的劇本殺很可能以這樣的形式出現。試想當你工作或學習累了的時候，足不出戶就可以與朋友相約在元宇宙來一局「劇本殺」，體驗各種刺激與闖關的快樂。

4. 虛擬演唱會

美國說唱歌手 Travis Scott 在遊戲《要塞英雄》舉辦過虛擬演唱會，平臺上 1,230 萬的全球玩家則成為演唱會的觀眾。

值得一提的是，這場演唱會充滿了許多令人稱讚的細節。

演出前，遊戲內提前一週「搭建」舞臺，玩家可清楚看到舞臺的搭建進展。

即將演出時，平臺提醒遊戲玩家「入場」「找」好座位。

演出過程中，玩家可以隨著音樂節奏「跳躍」到半空中，也可以潛入海底。不同的歌曲設定了不同的場景特效，為的就是強化觀眾的沉浸感並豐富觀眾的視聽體驗。

除了活躍在歌壇的歌手（無論是真人還是虛擬人物）外，虛擬演唱會的主角也可以是已經辭世但依然備受歡迎的歌手或音樂家。

2013 年，虛擬鄧麗君曾「現身」一位歌手的演唱會現場，並與之同臺，隔空對唱了幾首經典歌曲。2015 年，鄧麗

君逝世 20 週年演唱會舉辦並受到熱烈歡迎。這場演唱會主要採用全息投影技術，將根據鄧麗君生前資料、照片等生成的模型投射在舞臺。

隨著技術的不斷發展，虛擬演唱會的細節會更逼真，互動性會更強，視覺效果會更好。此外，如果這項技術成熟，有音樂夢想的普通人也可以舉辦自己的元宇宙演唱會。

5. 虛擬旅遊

足不出戶就能遊遍天下？是的，元宇宙裡的虛擬旅遊就可以幫你實現。

虛擬旅遊透過虛擬實境技術打造 3D 旅遊環境，使用者透過智慧終端就可以「到此一遊」。與現實中不同的是，很多不對外開放的旅遊景點，比如某些洞窟等，在 3D 的旅遊景點中卻可以復刻出來。

另外，一些現實中人們不便探索的地方，比如聖母峰等，甚至也有望製作出虛擬版。這樣既能滿足人們的好奇心又比較安全。

目前，很多景點已經支持使用者透過網際網路訪問，如故宮博物院等。不過，這類虛擬景點跟元宇宙環境中的虛擬旅遊區別很大。它們帶給使用者的沉浸感還不夠深，視角往往也比較單一。元宇宙中的虛擬旅遊，會讓使用者有身臨其境的感覺，甚至使用者可以透過某些裝置，比如觸覺手套等，「接觸」虛擬景點的沙石、林木等。

提到虛擬旅遊，當然少不了虛擬導遊。

隨著 AI 技術的發展，整合智慧語音、知識庫、智慧學習等技能的虛擬導遊會在虛擬旅遊中大展身手。

如果你在「景點」中迷路了，可以向虛擬導遊求助。甚至，不管你是在「旅遊」中碰上外形奇特的建築、罕見的動植物，還是對某些特殊地形構造感興趣等，都可以請教你的 AI 導遊。

如果你在「旅遊」過程中，突然有事不得不中斷這場「旅行」怎麼辦？不用擔心，儲存一下進度，下次進入時可以直接「跳轉」到這個場景。

6. 線上體育賽事

既然玩家可以齊聚在元宇宙世界玩「劇本殺」，他們當然也可以在元宇宙參與體育比賽，進行體育競技。

參賽選手透過佩戴專業裝置後，就可以進入賽事現場，與同時間內的其他選手進行對決。

游泳、擊劍、踢足球、障礙賽（可能有點類似於「跑酷」遊戲）……任何你可以想到的體育運動，在元宇宙世界都有望以虛擬方式舉辦。至於現實世界中普通人難以輕易挑

戰的極限運動，比如高空跳傘、徒手攀岩、攀登聖母峰等，也可以在元宇宙中安全解鎖。日常運動的豐富程度大大增加，專項運動培訓、私人訂製運動服務等市場也會迎來新的增長局面。

使用者不僅可以參與，還可以圍觀體育競技。

對於體育賽事的忠實觀眾來說，元宇宙可以讓其以各種視角觀看比賽。比如，用選手視角體驗比賽，這會相當刺激。用裁判視角觀看比賽，則可以近距離感受選手之間的競技。同時，全球的觀眾還能即時互動、講評比賽、交流看法，遇見「知己」、「同道」的機會似乎也變多了。

甚至觀看比賽本身，還能變成揣摩學習場上選手競技技巧的一種方式。

7. 線上文化藝術展

藝術品懸浮在空中，使用者可以以虛擬人物形象「逛」展、「看」展。「逛」展時，AI 助手還會為使用者播報語音提示等。

紐約大都會藝術博物館在 150 週年之際，也曾在《動物森友會》中向玩家展示 40 萬餘件虛擬展品。

發展到成熟階段的元宇宙藝術展在互動性、沉浸感方面，會為使用者帶來更好的體驗。

真實世界裡，出於藝術保護的需要，多數時候參觀者都不能直接用手觸碰藝術品，甚至不得不隔著很長一段距離欣賞藝術品。這是不是多少讓人覺得有點遺憾？元宇宙中的文化藝術展可以「很不一樣」。

- 觀眾可透過輔助裝置「觸控」藝術品。無論是作品的材質、紋路、質感等，都可能透過觸控來感受。
- 觀眾可透過放大、縮小等欣賞藝術品的細節或整體。對於巨幅畫作，或者某些高大建築物穹頂的壁畫，如果將其縮小或部分放大，觀眾能觀察到更多細節。
- 觀眾還可以「走」入放大或縮小的藝術品中，從不同的視角觀察藝術品。
- 線上文化藝術展的布景、呈現形式會更加多元。比如，將環保主題的展覽置於青山綠水間，將抽象藝術展置於星球背景中等，同時加入多種光影、聲音等效果，帶給觀眾不一樣的體驗。
- 觀眾還可能經授權獲得虛擬複製品，反覆欣賞把玩或研究學習。

怎麼樣，是不是讓人充滿了期待？

3.3

元宇宙＋社交：在虛擬世界「面對面」

一代人有一代人的社交。當 8 年級生懷念一去不復返的論壇與部落格時代時，9 年級生大步邁入社群平臺時代。沒有找到自己新陣地的 00 世代，一部分人接過 9 年級生主要作為商用的社群，成為這個平臺新的活躍使用者；另一些人進入虛擬社群平臺，在那兒尋找安全感和精神交流。

年輕人，總是在尋找自己的社交陣地。下一站的社交陣地，會在哪裡？

Meta 打出元宇宙旗號時，主打的就是「社交元宇宙」。元宇宙世界的社交之所以讓人期待，很重要的原因在於，它跟現在以文字、語音、影片等互動方式為主的平臺有明顯區別，「社交元宇宙」提供了一種「臨場感」。

1. 沉浸式社交，打破空間阻隔

很多人都有過與親密的朋友、家人等分隔兩地的情況。通訊軟體聊天、語音／視訊通話等雖然拉近了分離者的距離，但我們還是會覺得和彼此有距離。工作方面也是這樣，雖然很多公司嘗試過遠端辦公，這些人最終卻發現其實還是面對面的交流更有效。

「元宇宙社交」的特點是透過 AR/VR 技術還原場景，為處在不同地方的使用者提供一個共同空間，讓使用者像面對面交流般順暢和無障礙。

使用者們不僅可以一起休息放鬆，一起玩遊戲，還可以舉行派對、音樂會等。目前，已經有家長在沙盒遊戲《Minecraft》和 Roblox 上為孩子舉辦生日派對。2020 年 6 月，國外有大學在《Minecraft》為學生舉辦了虛擬畢業典禮。頂級 AI 學術會議 ACAI（Animal Crossing AI workshop）還曾在《動物森友會》舉辦研討會。

沉浸式社交打破了地理空間的阻礙，把處於不同地域的人連線起來。同時，這種社交方式滿足了使用者多個維度的社交需要。

- 娛樂。平臺提供多種娛樂放鬆方式，使用者可在娛樂場景下選擇自己喜歡的社交方式。比如，Roblox 平臺中的

寵物領養、使用者分享自創遊戲，另一平臺中的寵物星球、狼人殺、群聊派對等。

- 情感。虛擬形象下，使用者可盡情表達，建立比較深的連線。與傳統社交方式不同的是，元宇宙為使用者提供一個「共在」的空間，使用者可以「攜手」娛樂、學習、工作等，交流方式與情感互動更多元、更深入。

2. 告別孤獨，興趣圖譜開啟多元化社交

使用者可以在廣袤的元宇宙世界盡情追逐自己喜歡的事物。

元宇宙世界中的一切都可以成為使用者自我展示的方式：透過虛擬形象展示自己的審美和個性，透過自己搭建的場景展現個人興趣，透過自創作品展現才華……

是的，在這裡不必瞻前顧後，不必有太多包袱。UGC 內容就承載了使用者的精神世界，多元化 UGC 內容的碰撞將最大可能地激發使用者的創造性。

基於此，不同的興趣社群、潮流部落會逐漸形成。精神共鳴成為虛擬世界中使用者尋找的最大價值。使用者還可以穿梭在不同的社群，進行多元化社交。

同時，基於使用者自身的畫像和興趣圖譜，使用者可以連結更多同類人。比如，某平臺上有一千多個興趣標籤，對

使用者興趣進行了細緻勾畫，透過 AI 演算法等，使用者更容易遇到「同興趣」的人。

如果你在現實生活中剛和朋友聚完餐，就得馬不停蹄地陪女友逛街，這聽起來是不是有點緊湊？但是在元宇宙中，你完全可以聚精會神地與朋友進行虛擬聚會，隨後輕輕鬆鬆地幫女友給出穿搭建議。兩件事甚至可能同時進行。

3. 數位版「社交貨幣」，你的重要資產

社群平臺上發布的每一張照片、轉載的每一篇文章，其實都是在告訴別人：你是誰。

這就是社交貨幣。

平臺裡，媽媽晒娃，職場菁英晒工作成績，情侶秀恩愛，旅行者晒風景……元宇宙世界中，你晒什麼？虛擬世界的社交貨幣如何打造？

我們聊聊這三個話題：虛擬形象、虛擬物品、UGC 內容。它們將構成你的元宇宙社交貨幣。

● 虛擬形象

對虛擬形象的需求其實早於「元宇宙」概念的火爆。開啟網拍，輸入「捏臉」兩個字，各式各樣精緻的虛擬頭像就跳出來了。使用者只用花幾百塊錢到數千元，就可以買下。這些頭像主要用於虛擬世界，比如遊戲等。

使用者對虛擬形象的需求直接催生了這門新職業：捏臉師。有的捏臉師月薪可達 15 萬到 20 萬元。

捏臉師專門為使用者提供自己設計的虛擬形象，使用者付費即可擁有。從知名社群平臺來看，其商城中的虛擬頭像價格不等，多在 100 到 400 元間，特別設計款價格會再高一些。捏臉師主要滿足的是使用者個性化展示的需要。

仔細看看，這些虛擬頭像在臉型、瞳孔顏色、飾物、風格等方面有很多精心構思，為的就是滿足使用者個性化審美需求。

當然，這些頭像多數是平面的。

元宇宙世界中的 3D 虛擬形象元素會更豐富，相應地，對捏臉師的要求就更高：不僅要懂得美術、設計、人體、心理學等知識，還得了解智慧演算法，善於運用平臺工具等。

● 個性化虛擬物品

誰不想擁有全宇宙獨一無二的收藏品，比如一張 NFT 黑膠唱片？

誰不希望在變動不居的世界擁有一筆幾乎可以永恆存在的資產？

個性化虛擬物品指的是數位典藏、數位紀念物等。這些物品集中展示了使用者的品味、興趣偏好、個人愛好及身分地位等，是使用者虛擬世界中社交貨幣的重要組成部分。

2021 年 3 月，藝術家 Beeple 耗時十幾年創作的數位畫作《每一天：最初的 5,000 天》在佳士得以 6,935 萬美元的高價拍賣。這比很多藝術家實體畫作的拍賣價還要高。

如果你擔心虛擬技術讓複製很容易，虛擬畫作之類的虛擬物品可能隨時貶值，那你大可放心。

這些基於 NFT 技術打造的虛擬物品具有唯一性和不可修改性。擁有了這些物品，你就是它們的唯一主人。NFT 為虛擬世界架起了了一座牢不可破的信任之橋，這為元宇宙的中的商業模式、經濟體系奠定基礎。

對此，加密貨幣領域的資深「玩家」Fly Falcon 曾在社群媒體上表示：「我們正在見證一個歷史時刻，一個不可撤銷、界限分明的產權數位王國正在崛起。」

● UGC 內容

沒錯，UGC 內容也可以成為使用者的社交貨幣。

有大量玩家在 Roblox 裡製作自己喜歡的遊戲，有玩家在《要塞英雄》裡搭建出了高聳入雲的新奇建築，藝術家在虛擬世界裡釋出了自己的藝術作品……

無論是使用者自行創作的虛擬形象、虛擬道具、虛擬房間，還是音樂作品、美術作品、遊戲等，都可以作為社交貨幣展示出來。你甚至可以打造一個童話般的數位花園小鎮，邀請認識或不認識的朋友來作客！

當然，在 UGC 內容基礎上，還可以衍生各種商業業態。比如，你在數位花園小鎮裡可以「招商引資」，可以出租、買賣店面，可以招募人手為你「打工」等。

Roblox 中有大量遊戲由使用者開發，這些使用者還從平臺獲得了分成收益。平臺中有部分虛擬頭像出自使用者之手，他們也從中獲得了分成。一些建築設計團隊已經在元宇宙掘得第一桶金：為其他使用者設計個性化建築並從中獲得不菲的報酬。

可以想見的是，元宇宙世界充滿了各種可能性，使用者將透過 UGC 內容盡情釋放自己的創造力。與數位化場景相關的虛擬場景架構師會受到歡迎，而數位典藏等產品也對設計者提出了新要求：既要懂演算法和製作工具，也要懂工藝設計等知識。

3.4
元宇宙＋購物：逛不完的商城，捂不住的錢包

以為待在元宇宙世界，足不出戶就可以避開商家的行銷招數了？

那可就大錯特錯了。

元宇宙只是讓你換個地方消費，卻絕不可能讓聰明的你錯過各種粉飾得極為巧妙的購物方式。難以自持的人們，可能會在元宇宙商城裡剎不住車。

1. 元宇宙裡有廣告看板嗎？

想像一下，當你以虛擬化身的身分遊走於虛擬街道，會在這個空間看到廣告看板嗎？如果有，會是什麼樣的？

虛擬空間，品牌又如何做行銷？

元宇宙中的廣告看板長啥樣？

可以確定的是，元宇宙也會有廣告看板。比如在 Roblox 遊戲的某些地方，立起類似於我們日常生活中那樣的廣告看板。

不同的是，這些廣告看板一方面可以為使用者提供更多產品相關的資訊，另一方面也可以記錄下使用者的訪問時間、訪問頻率、使用者畫像等特徵，作為調整商業推廣和投放策略的數據資料。

廣告看板將具有多種互動功能，除了提供各類選單供使用者選擇外，還可以是可感可觸、可虛擬體驗的。

如果品牌與有影響力的 IP 合作，可以在元宇宙引發更多關注。在品牌或產品代言方面，品牌可以與熱門虛擬偶像合作，也可以透過經營品牌自身的虛擬形象來推廣品牌。品牌遊戲、品牌虛擬周邊、品牌冠名虛擬演唱會等，都會成為品牌行銷的新玩法。

2. 元宇宙裡怎麼「買買買」？

「元宇宙購物」的幾項關鍵要素：虛擬店鋪、虛擬貨架、電子標籤、AI 導購。但「元宇宙購物」還有更豐富的內涵。

● 虛擬商城：如同一座主題樂園

2021 年 11 月 18 日，耐吉在遊戲平臺 Roblox 內釋出數位世界 Nikeland，大有搶占元宇宙世界頭號品牌的意思。

Nikeland 是一塊虛擬空間，根據耐吉的全球總部原型設計。所有使用者都可以參觀 Nikeland，在這裡，使用者可以為自己的虛擬形象選購合適的耐吉產品。耐吉的數位展廳中，許多運動產品系列在此進行展示，玩家可以很方便地在這裡「買買買」。

當然了，除了「購物」，使用者還可以在這裡玩「躲避球」、「地板熔岩」等小遊戲。優勝玩家甚至還可以獲得獎勵。此外，在使用者的個人「院落」中，使用者可以增加障礙物、坡道或跳床等，充分釋放自己的運動潛力。

耐吉為使用者的探索、參觀增加了許多趣味性設計，比如使用者有機會在參觀時收集免費的耐吉裝備，還可以透過競爭等獲得「金牌」，用於解鎖虛擬形象配件，如鞋子或服裝等。

這種「購物＋娛樂休閒」的方式很可能成為元宇宙中品牌商城的主流。耐吉官方的說法是，希望藉此將運動與玩耍變成一種生活方式。

除了耐吉，其他品牌也在開發自己的虛擬商城。

2021 年 11 月 19 日，吸塵器品牌戴森宣布推出虛擬商城 Dyson Demo VR。不過，與耐吉虛擬商城的「趣味運動」相比，戴森的虛擬商城主要用於推廣產品本身。

2021 年 12 月下旬，美國時尚服裝品牌 Forever 21 在 Roblox 推出了「Forever 21 Shop City」（Forever 21 購物商城）。其新穎的玩法在於，使用者可以購買或出售該品牌的服裝，

甚至可以「聘用」一些非玩家角色作為自己的員工，按自己的想法在商城經營自己的虛擬商店。

● 虛擬商品：可以很家常，也可以如夢似幻

虛擬商品已經不是什麼新鮮事。

ZEPETO 與 Gucci、NIKE、Supreme 推出過聯名虛擬服飾，耐吉、愛迪達等也紛紛推出了自己的虛擬商品。

2021 年 12 月 17 日，愛迪達推出 NFT 系列服裝，包括運動服、帽 T、帽子等。據筆者了解，這些虛擬服裝動輒數千元一件，價格並不便宜，但這並沒有削減購買者的熱情。愛迪達 3 萬款虛擬商品推出後迅速售罄，銷售額達到 2,300 萬美元。

耐吉則在不久後宣布收購數位平臺 RTKAF。這是一家數位鞋收藏網站，以發售獨家 NFT 限量運動鞋聞名。

和幾百元起步的虛擬服裝相比，元宇宙中的數位典藏價格要低一些。

這些虛擬商品很多都有現實原型。讀者們可以展望，在元宇宙世界，更多的 100% 虛擬商品乃至品牌會湧現。例如，全球首個虛擬時裝品牌 Tribute Brand 推出的眾多讓人眼前一亮的虛擬服裝。

該品牌憑藉無運費、無性別、無尺碼、無浪費等嶄新理念出線，並以獨特的設計橫掃時尚圈。下面這條既像充氣

球，又具有金屬感的虛擬禮服就來自 Tribute Brand。

使用者如何「擁有」虛擬禮服呢？

很簡單。使用者購買後，虛擬禮服就以數位化的形式新增至使用者的頭像或照片上，再經由社群媒體釋出，展示出時尚感十足的作品。大家很熟悉的一位歌手楊某就曾購買上面這件蝴蝶結禮服，拍攝自己演唱會的宣傳照片。照片上的她穿上這條裙子，氣場十足，宛若女王。

包括時裝在內的虛擬商品就像一個夢境的入口，滿足了人們的各種需要，釋放出人類的天性、活力與創造力。

● 虛擬導購：為選擇困難症患者提供最佳方案

如果一位對選擇什麼口紅色號比較糾結的女買家開啟了某個電商 App，她在瀏覽大量產品訊息及使用者評價後，可能依舊難以判斷哪個口紅色號更適合自己。

在這些需要依靠真實體驗做決定的場景下，虛擬導購可以發揮很大作用。

AI Wendy 是一位虛擬導購。經使用者同意後，Wendy 可以透過「魔鏡」工具和使用者的手機鏡頭掃描使用者的臉部，獲取使用者的臉部特徵訊息，並呼叫資料庫中的臉部與美妝知識圖譜，分析使用者的臉部特點，並迅速給出合適的推薦。

此外，「魔鏡」中可以呈現使用者塗口紅後的模擬效果，就像實體店的試色過程一樣。

據推出 AI Wendy 公司的 CEO 介紹，線上商家訂製 Wendy 的開銷與聘用一名優秀真人導購的開銷其實差不多，在 40,000 到 50,000 元之間。

當然，考慮到 Wendy 可以 24 小時不停地服務使用者，對於很多線上商家來說，聘用 Wendy 這樣的虛擬導購是一個不錯的選擇。

● 虛擬體驗：足不出戶「試用」商品

當虛擬商城、虛擬商品、虛擬導購都有了之後，使用者還需要什麼呢？顯然是虛擬體驗。

戴森虛擬商城 Dyson Demo VR 以「透過虛擬實境體驗產品」作為自己的特色。使用者可以透過該商城在家裡測試戴森吹風機、直髮器、吸塵器等產品的功用。

可以預見，未來會有更多的企業開發類似於戴森的虛擬體驗店，從而讓產品接觸更多的人群。戴森未來還打算增加虛擬購物服務，讓使用者在家中就能與戴森的專家或銷售人員交流。

3.5

元宇宙＋地產：虛擬土地，買還是不買？

11 月 30 日，虛擬社群 The Sandbox「虛擬土地賣出 430 萬美元天價」上了熱門新聞。仔細一看，從產業大佬到明星，已經有不少人在元宇宙中購買地產。

元宇宙地產搶購浪潮，是機遇還是泡沫，普通人要參與嗎？

1. 元宇宙地產究竟是怎麼一回事

「元宇宙地產」指的是元宇宙世界中的虛擬空間。

元宇宙虛擬世界基於區塊鏈技術搭建，由數量有限的虛擬地塊組成，虛擬地塊內可以開發不同專案，比如建造虛擬總部、虛擬行銷中心、虛擬遊樂園、虛擬商城、數位廣告牌等等。由於稀缺性，虛擬地塊就被賦予了價值。

以元宇宙社群 Decentraland 為例，這個虛擬世界由 9 萬塊虛擬地塊組成。這裡有龍城、龍王國等特色社群。除了

廣場和馬路外，其他空間的地塊都支持使用者自由買賣或開發。

使用者點選某個地塊，就可以看到地塊的即時價格、拍賣時間等訊息。購買虛擬地塊後，可以在地塊上開商店、向使用者提供服務，也可以建造一個專屬的個人樂園或數位工廠等。

2021 年 11 月 23 日，一位歌手斥資 12.3 萬美元，在 Decentraland 購買了 3 塊虛擬地塊。

2021 年 11 月，Decentraland、The Sandbox 等社群的虛擬土地交易額達到 2.28 億美元。這個數字確實很驚人，但更多的大額交易還在不斷發生。11 月 30 日，The Sandbox 中的一塊虛擬土地以 430 萬美元價格售出，重新刷新了元宇宙地塊交易的紀錄。

❷ 決定虛擬土地價值大小的關鍵因素有哪些？

富商、名人大手筆購買虛擬土地，究竟是為了什麼？

有的人看好這些虛擬地塊日後的升值空間。

一個虛擬社群內，虛擬地塊的數量是有限的，可以搭建的建築等也是有限的。隨著虛擬社群的不斷成熟，會有越來越多的企業、品牌、商家及使用者進入元宇宙，並希望獲得部分虛擬土地，這樣，虛擬土地的價格就會跟著往上漲。這跟現實世界的房產買賣是同一個道理。

有的人或企業則試圖透過購買地塊，在虛擬世界打造自己的「場景廣告」，提升個人或品牌的影響力。

明星可以在自己的地塊開發主題樂園並搭建舞臺，進行各類演出。

企業則透過虛擬建築獲得廣告牌效應。IBM 在遊戲《Second Life》中購買一塊地產，建立了自己的銷售中心，以此吸引大量年輕的遊戲玩家。某披薩品牌則透過虛擬世界的「售貨亭」獲得了大量實體訂單。

當然，普通人也可以透過自有虛擬建築的大螢幕播放短影片，推廣自己或自有原創品牌或產品。

那麼，決定虛擬地塊價值的關鍵因素有哪些呢？

如果說現實中的房價受地段影響很大，那麼，虛擬世界中的地產受流量的影響最大。影響一個地塊流量的因素主要有下面這些。

● 虛擬社群本身的流量大小

越來越多科技大廠躍躍欲試，渴望打造一個元宇宙世界，搶占流量，而 Roblox、The Sandbox 等平臺已經初具元宇宙雛形，並吸引大量使用者。

究竟是後來者居上，還是有先發優勢者勝出，目前還很難說。經過一番市場的大浪淘沙，主流的虛擬社群會成為流量中心，這個社群內的虛擬土地就有更大的升值空間。

● 是否靠近廣場、街角展示處等

虛擬社群內通常都有平臺方建立的廣場，這是流量彙集地。而街角展示處等地方便於擁有者展示商品、進行商業交易等，交通十分便利，也擁有不錯的流量，具有較高的商業價值。

● 與明星、熱門 IP 等所購地塊的距離遠近

對於多數人來說，在現實世界中與明星成為鄰居是一件機率很小的事，但元宇宙世界中就不一定了。如果一塊虛擬地塊與明星或熱門 IP（比如虛擬偶像）的地塊距離很近，這些地塊會有更多人聚集，會有更多的關注度，流量也會更多。

● 該地塊內的設計、創意、互動元素等是否吸引人

耐吉透過虛擬商城內的小遊戲、尋寶獎勵等吸引使用者。同樣地，如果一塊虛擬地塊內的建築設計、互動元素等形成自己的特色，也能吸引人前往，從而獲得更多流量。

2021 年 3 月，一棟處在火星般場景中的虛擬住宅以 50 萬美金的價格售出。這棟名為「火星屋」的虛擬房子由多倫多藝術家 Krista Kim 設計。房子有巨大的落地窗，從中可以「俯瞰」四周景色。這位藝術家甚至與樂隊合作，為整個環境創作了專屬音樂。

總而言之，越是主流的虛擬社群平臺，越靠近明星、熱門 IP，越透過設計等營造吸引力的地塊，越能吸引流量，也就越值錢。要不要購買虛擬土地、購買哪個平臺的虛擬土地，需要對上述「流量密碼」重點考慮。

3.6

元宇宙＋教育：教育將有哪些新的可能

當元宇宙在遊戲、商業等領域如火如荼發展時，教育領域又是怎麼樣的景象？

國外的元宇宙教育已經處在實踐階段。不久前，史丹佛大學的傑里米 · 拜倫森（Jeremy Bailenson）推出「虛擬人物」課程，在學生中很受歡迎。2021 年秋季學期時，共有 300 多名學生申請這門課，最終只有大約 170 名學生成功選上。據了解，亞利桑那州立大學也打算推出類似課程。

1. Victory XR：前沿的虛擬校園建設平臺

2021 年 3 月，Victory XR 宣布與莫爾豪斯學院合作，在 Engage 平臺的虛擬校園內開設遠端講座。

此前，Victory XR 已經在 Engage 平臺建立了目前世界上規模最大的虛擬校園。其現已開發的課程涉及科技、藝術、數學、天文學等不同領域。

平臺現有超過 200 門 3D 錄製課程，學生可以在虛擬教學空間內自由行走或學習交流，獲得深度的沉浸感。

目前，該平臺為使用者建立了天文中心、生物實驗室、歷史大廳、藝術畫廊、數學實驗室、工業廚房等。學生可以在上面交流、學習和聚會等。

Victory XR 還計劃在 2022 年與 Meta 合作，在美國某所大學內建立數位孿生學校。

什麼是數位孿生學校？

數位孿生學校是透過高精度的細節還原現實校園，並允許學生與虛擬環境和其他學生交互的虛擬學校。學生可以在這所學校中學習、社交及參與競賽等。

數位校園和虛擬課堂可應用於交通、航太、藝術等各種教育場景，有可能成為終極教育技術。

2. 虛擬校園為教育帶來了什麼？

在虛擬校園，學生可以充分享受開放式學校和課程的各種突破帶來的好處。

比如，如果學習者想學習古希臘羅馬建築的相關知識，可以直接「穿越」到建築現場，在智慧 AI 老師的引導下一邊參觀，一邊學習相關知識。

如果學習者想學習解剖學知識，則可以「站」在巨大的

器官內深入學習。如果需要解剖小動物，也可以以虛擬動物作為實驗材料，解剖可以反覆進行，還可以放大、縮小進行學習研究。

藝術類學生的畢業設計可能是為他人設計一座適合展出的藝術品，供全世界所有的人參觀學習等。

虛擬校園的優勢是顯而易見的。

- 減少資源消耗和資金投入。在現實世界，修建天文館、歷史文化博物館、仿古建築、科學實驗室的成本是高昂的，而在數位世界建造它們的成本可能只是現實中的10% 甚至 1%。
- 最大化利用教育資料。虛擬世界的學習資源可以反覆使用，最大程度減少了教育資源的浪費。
- 推動教育公平。無論身處何地的學生都有機會透過平臺上全世界最頂尖的課程，在最優秀的老師帶領下學習知識。
- 充分挖掘學習者的潛能。開放式校園為更多人學習不同的知識開啟了通道，學習者可以在自己感興趣的領域深度學習。這種教育方式可以充分挖掘不同人的潛能。
- 讓學習更高效。透過書看到長毛象的文字介紹和圖片，與「親眼」看見猛獁象並探索學習相比，哪種知識萃取方式更有效、更深刻？虛擬課堂的 3D 場景為學習者提供了一個可深度沉浸的環境，學生透過實際動手、實地探索等學習知識，比單純接收抽象的知識，學習起來更高效。

- 可能成為教育產業新的增長點。目前，很多國家人口成長放緩，甚至出現人口負成長現象，在生育縮減的情況下教育產業在努力摸索新的可能。虛擬校園可能進一步釋放教育的影響力，擴大教育受眾、豐富教育門類，為教育產業創造新的增長點。

元宇宙除在遊戲、娛樂、社交、購物、地產、教育領域的探索外，與辦公、政務、製造、醫療、交通、金融、物流等結合後，也會使這些產業發生翻天覆地的變化。

比如，工業製造領域，廠家可以根據相關技術，以現實工廠為原型，打造數位孿生工廠。記錄孿生工廠的相關數據，從中推演或測算出更有效率的現實問題處理方法，提高生產效率。目前已經有企業這麼做了，全球知名的飛機製造公司波音甚至打算透過元宇宙的虛擬工作系統，製造自己的下一代旗艦機。

文藝創作領域，很可能由現在的創作者的單向式創作轉為創作者與觀眾的互動式創作，比如創作者創作出某些核心內容，在元宇宙的立體、多維度呈現下，觀眾自行探索自己感興趣的內容，從而推出更多創意。

有學者、專家曾公開表示，擔心元宇宙會帶來新一輪的「競爭」。實際上，當各行各業主動擁抱元宇宙後，有望將自己從「競爭」等尷尬狀況中解放出來，開拓一片新的藍海。

第 4 章：

元宇宙背後的技術元素

4.1 5G/6G 網路：元宇宙的網路起點

4G 蓬勃發展的這幾年，行動支付與各種網路服務為生活帶來了空前便利。5G 時代，作為大眾消費者最直觀的感覺是上網速度更快了，看影片直播更高畫質了，但 5G 帶來的僅僅是高速與高畫質嗎？在 5G 通訊的普及下，又有哪些新的應用場景值得期待呢？

從 2019 年開始，各國相繼啟用了 5G 通訊網路，同時下一代 6G 通訊也進入了研發階段。幾乎每十年就是一次通訊技術的革命，接下來的十年，5G 伴隨元宇宙進入概念與雛形探索期，展望下一個十年，成熟形態的元宇宙有望與 6G 一起到來，或許會更早。

2. 5G 遠不止快這麼簡單

網際網路伴隨著行動通訊技術的演進而發展。從 1G 到 5G，通訊技術變革帶來了生活方式的鉅變。1G 是第一代行

動通訊技術，是以模擬技術為基礎的蜂巢式無線語音系統，只能傳輸語音訊號。2G 時代有了數位通訊技術，可以進行語音通話，收發文字簡訊，SMS（短訊息服務）開始流行。3G 時代有了智慧訊號處理技術，支持多媒體數據通訊，可以瀏覽網頁和圖片，玩遊戲和聊天。4G 時代，看影片和直播成了日常。

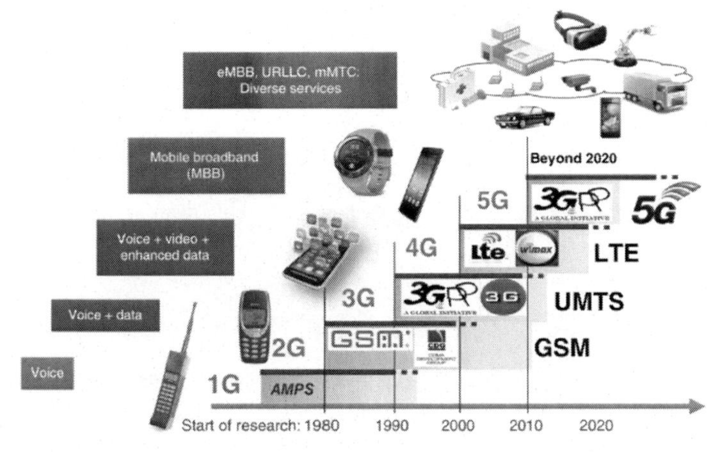

行動通訊的演進歷程（圖片來源：網路）

用上 5G 後，最直觀的感受便是網速飛一般的快，看高畫質影片不卡頓了，直播畫質更加清晰了。但 5G 時代帶來的何止是速度，國際電信聯盟（ITU）根據應用場景定義了 5G 的三大特性：

特性一：eMBB（enhanced Mobile Broadband）增強型行動頻寬。

在行動網路流量爆炸式增長下，5G 加大了行動頻寬，網路傳輸速度大幅提升，相比 4G 快了 10 倍以上。5G 下的 4K/8K 高畫質直播賣商品可以清晰看到商品的紋路細節。5G 線上遊戲給玩家更流暢的遊戲體驗，有了雲端數據儲存，不用考慮容量限制；有了雲端伺服器執行遊戲，不需要配置高階終端裝置便可暢玩高品質遊戲。5G 結合 VR，讓虛擬實境技術突破網路頻寬的限制，獲得更真實的感官體驗。

特點二：uRLLC（Ultra Reliable Low Latency Communications）高可靠低延遲通訊。

5G 的延遲降至毫秒級，數據傳輸更加安全可靠，這對自動駕駛、工業自動化、遠端醫療等對精細化要求高的領域造成至關重要的作用。

4G 時代很難真正實現無人駕駛，50 公里／小時的行車速度在 100 毫秒左右通訊延遲下將產生 1 公尺的額外煞車，而且車對周圍環境的感知回饋不夠及時，行車安全無法得到保證。而 5G 的傳輸延遲只有 1 毫秒，在這麼短的時間內，同樣的車速產生的額外煞車距離僅為 1 公分，安全系統得到極大提升。伴隨 5G 的使用，自動駕駛正在逐步成為現實。相比人在駕駛時的反應速度，從指令傳到大腦，再到踩下煞車的反應時間一般為 10 到 50 毫秒，5G 比人腦的反應回饋更快。這意味著將來自動駕駛會成為比人類駕駛更可靠的出遊方式。

特點三：mMTC（massive Machine Type Communications）大規模機器通訊。

1G 到 4G 主要是人與人的通訊，比如通話簡訊、聊天影片，購物美食……這些都是以人為中心的應用場景。而 5G 則極大拓展了通訊範圍，不僅連線人與人，還連線起人與物、物與物之間的交流。過去物聯網的發展相當程度受限於 4G 網路的連線裝置承載能力，而 5G 網路擴展到了每平方公里能容納百萬級的裝置數，這將實現真正的萬物聯動。萬物聯動又進一步與人工智慧相結合，發展為智慧聯網，智慧家居、智慧城市的願景更加豐滿。

有人說，5G 的三大野心其實就是要搞定三個長期吹牛，但始終沒成熟的技術：虛擬實境、自動駕駛、全面智慧化。的確，在 5G 到來前，這三個技術已經發展了很多年，但沒有規模化的應用場景。VR 裝置在 100 元 10 分鐘的體驗館，自動駕駛在紙上談兵，智慧家電「有趣但並不必須」。而 5G 的出現，高速率、高可靠低時延三大特性讓這三個技術打破原來通訊瓶頸，帶來高速發展。

4G 時代下產生的新應用給我們生活帶來極大便利，5G 又會塑造哪些新的應用場景，產生哪些殺手級的應用，催生哪些新的職業？我們拭目以待。也有可能 5G 劃時代的應用不在手機，而是出現在下一代行動裝置上。

5G 作為接下來 10 年的行動通訊方式，將助力元宇宙從概念走向雛形。5G 下的 AR/VR 將我們帶入現實世界與虛擬世界的融合，5G 下將帶來智慧城市與智慧產業的成熟發展。5G 的未來值得想像，以後送外賣的也許不是外送員，而是無人機和無人車。出門不用邊走路邊低頭看手機導航，AR 擴增實境把路線指示在眼前。開車不再需要司機，停車場裡不需要到處找車。早上叫醒我們的不是鬧鐘而是 AI 助理，打遊戲也不需要用手……那些存於想像裡的科幻場景，在 5G 時代有望成為現實。

3. 6G 將和元宇宙一起到來

5G 尚未全面鋪開，6G 已經提上日程。

6G 是第六代行動通訊標準。2019 年 3 月，全球首屆 6G 峰會在芬蘭舉行，擬定了首份 6G 白皮書《6G 無線智慧無處不在的關鍵驅動與研究挑戰》並於 10 月釋出。白皮書指出，6G 的多數效能指標相比 5G 將提升 10 到 100 倍，網路延遲將從毫秒降到微秒級。目前各國相繼進入 6G 的研發階段，預計 2030 年投入商用。

能想像 6G 傳輸速率有多快嗎？下載一部 1TB 的 4K 高畫質影片，4G 需要 10 分鐘，5G 只要 1 分鐘，而 6G 更快，只需要 1 秒鐘。太不可思議了，只不過眨眼間的功夫，真正實現 TB 級秒速！

再看看 6G 覆蓋有多廣。5G 的基地臺雖然很多，但是在基地臺難以覆蓋的沙漠、高山山脈、海洋、原始森林等無人區，將依然是通訊盲點。

6G 有望彌補這個「數字鴻溝」，這需要在地面通訊之外，在地球近軌發射衛星，地面通訊與衛星通訊形成「海陸空＋天」的全球網路覆蓋。截至 2021 年 9 月 23 日，全球太空網路爭奪賽已經拉開序幕，SpaceX 的星鏈計畫已部署 1,797 顆在軌衛星。號稱 6G 時代永不失聯的衛星網路，不僅能作為地面通訊的補充覆蓋深山、密林、沙漠等無人區，還能在高空通訊、海洋作業及科學考察、航空應用以及網路中斷的應急救災等特殊場景發揮優勢。

6G 的全球覆蓋下，地球上任何一個角落都能連上網路，不再有通訊盲點。我們可以想像這樣的場景，偏遠鄉村的孩子不用擔心教育資源，隨時進入線上名師課程。獨居山區的老人可以接受遠端手術，海底的潛水手錶能提供導航和發送訊息，無論跑在何地的山野馬拉松無懼失聯。

這樣的「空天地一體化」為元宇宙的「隨地」、「永遠線上」提供了有力支撐。此外，6G 低至微秒級的延遲還將實現「通訊感知一體化」。1G 帶來語音，2G 帶來文字，3G 帶來圖片，4G 帶來影片，5G 帶來 VR 虛擬實境，而 6G 將帶來全息與完全沉浸。6G 的連線對象不是「數十億」，而是「數以兆」。感官世界的所有元素，視覺、聽覺、觸覺、嗅覺、味覺甚至情感全部可以透過數位化在虛擬世界傳輸，全息通訊把虛擬實境由部分沉浸帶入完全沉浸，全視覺與全感官在虛實空間自由流動。

那時，我遠在千里之外，也可以聞到你採摘的花香。

6G 之下，人工智慧進一步發展，大 AI 時代到來。智慧裝置從機器智慧到人腦智慧，發展出更智慧化、具有人腦思考，深度學習甚至情感系統的 AI 私人助理，代替人類自動進行最優決策。裝置組合成智慧裝置群，形成有群體決策的「泛在智慧」，轉向「智慧一體化」。

在 6G 的網路支持下，自動駕駛從單車智慧更新為車路協同的全自動駕駛，汽車感測器與道路感測器在雲端進行聯網互動，進行協同決策。自動駕駛 AI 系統能透過自我學習不斷更新技能。交通出遊與全息技術結合，在 6G 的精準定位下，城市道路的 3D 立體圖將動態投放在真實環境中，人能與之即時互動。

4G 改變生活，5G 改變社會，6G 將重塑世界。可以期待，6G 時代的新世界就是元宇宙。

4.2

虛擬實境裝置：終於要擁抱春天

無論是 PC 時代，還是智慧手機時代，我們都透過類似 Windows 的視窗去看世界，那是一個平面的數位世界。而虛擬實境裝置將把我們帶入一個 3D 的、立體的全息世界。鍵盤與滑鼠的時代會過去，視窗化的時代會過去，連線數位世界的入口不再是視窗，取而代之的是體感互動與全景。

智慧手機時代讓我們總是沉浸在低頭族的世界裡，是時候抬起頭來，仰望星辰。按按鍵與點選螢幕的手，將能隔空觸碰到數位世界的一草一木。

從前是隔著螢幕看世界，而虛擬實境下，「我」要去到那個世界。這個全新的世界，你準備好了嗎？

1. VR/AR 發展為何道阻且長

2021 年（被稱為「元宇宙元年」），首先爆紅的是 VR/AR 頭戴裝置。作為連線現實與虛擬世界的入口裝置，VR/

AR 在元宇宙爆紅之前，其實已經走過了近半個世紀的路。

科技總是最早誕生在人類的幻想裡。關於 VR 眼鏡的故事要從 1935 年的科幻小說《皮格馬利翁的奇觀》（*Pygmalion's spectacles*）說起。小說裡有個教授發明了一款虛擬實境眼鏡，戴上它進入到電影中就可以身臨其境聽到、聞到、觸控到電影裡的場景，可以使聽覺、味覺、觸覺等方面的虛擬體驗變成現實。

1968 年，電腦圖形學之父伊凡·蘇澤蘭（Ivan Sutherland）基於他的論文《終極的顯示》，創造出了一個觀看虛擬世界的視窗 —— 第一款頭戴式 VR 裝置，具備支持立體畫面、頭部追蹤和虛擬互動等虛擬實境的特點。但由於裝置很沉重，當時其只能懸掛在天花板上。這款因獨特的造型被稱為「達摩克里斯之劍」的頭戴顯示器，開創了 VR 頭戴裝置的先河。

後來的幾十年裡，經過不斷嘗試和改進，1995 年第一款商業 VR 頭戴式顯示器 Forte VFX1 誕生，可以連線電腦執行早期的遊戲。行動式 VR 裝置的出現讓懸於頭頂的「達摩克里斯之劍」終於落了下來。後來又出現了世嘉 SegaVR 頭戴式裝置、任天堂的 VR 遊戲裝置 Virtual Boy 等，VR 成為廣為人知的概念，但受限於當時的技術發展，VR 產品的大眾商業化並沒有成功。

2014 年，對於 VR 產業注定是不平凡的一年。Facebook 花 20 億美金收購了 Oculus VR 製造廠商，這成為點燃 VR 產業的一把火。同年 Google 在舊金山舉辦的開發者大會上別出心裁送出了名為「Google Cardboard」的 VR 產品，使用 2 美金的紙盒加上智慧手機就能 DIY 一個廉價新穎的 VR 眼鏡，讓普通大眾體驗了一把 VR 的樂趣。

2015 年是 VR 產品激烈競爭的一年，HTC 和 VALVE 合作推出 HTC Vive。Oculus 釋出第一款消費者版 Oculus Rift CV1，帶有專用搖桿 Oculus Touch 以及空間定位功能。索尼則帶來 PlayStation VR。大廠公司相繼發售新款 VR 眼鏡。VR 帶來全新的遊戲體驗和視覺衝擊，並展示除了在教育科技等等產業無限的應用潛力。眾多資本入局，把 VR 的創業熱情推向了高潮。

就在各機構預期下一年的 VR 裝置銷量能創下新高時，「VR 泡沫破滅之年」到來。人們發現除了遊戲與體驗，VR 並沒有預期的發展和突破。

2017 年，市場急速降溫，VR 裝置銷量大大低於市場的預期，資本的熱浪褪去，一批 VR 初創公司與產品銷聲匿跡。經歷了一輪狂熱的洗禮後，全球 VR 市場進入了一段長長的冷靜期。

一方面是從硬體裝置上，當時即便高階的 VR 裝置顯示器，解析度也達不到對高畫質的需求。重新整理率達不到 90Hz，畫面內容跟不上頭部轉動的速度，畫面出現延遲導致頭暈。視野角度達不到人眼正常的 200 度，加上渲染效能與網路傳輸速度不足，很難有真實的沉浸感。VR 裝置帶來的眩暈感成為普遍的問題。

另一方面，VR 資源的內容稀缺也是制約 VR 產業發展的原因。無論是遊戲還是電影，都缺乏為 VR 訂製的高品質內容。以往很多遊戲主機商都以獨占某些遊戲的發行權而俘獲市場，比如索尼 PS 的「戰神」系列、任天堂掌上遊戲機的瑪利歐系列。在內容為王的情況下，資源匱乏驅動不了使用者持續的購買力。

再加之 VR 頭戴裝置的售價較高，使用者購買後只能玩玩遊戲、看看電影，新奇的體驗感過後購買動力不足。網上有玩家抱怨：「幾款 VR 遊戲玩破關好多遍了，都等不到新鮮內容。」隨之，VR 市場的熱度下降，2016 年到 2019 年間，全球 VR 裝置出貨量下滑，每年均不超過 400 萬臺。VR 裝置依然只存在小眾裡，在少數遊戲上，在商場的 VR 體驗館裡。

看著那群人，把自己的臉部包裹在厚重的 VR 眼鏡裡，拖著長長的線，沉浸在自己的世界裡。揮舞著手臂不停轉動，完全不顧旁人的眼光，像個怪異的另類。如此奇怪的場

景，這會成為人們憧憬的下一個網際網路未來 —— 元宇宙？

有人說，我無法想像一直把自己的頭放在頭盔裡；有人驚嘆，VR 上戴著的就是網際網路的未來。

不管怎樣，時隔 5 年後 VR/AR 市場又迎來了春天。

2. VR/AR 市場的轉折點正在到來

在被看作「VR 元年」的 2016 年，某知名投資機構 CEO 表示：「如果說未來五到十年有什麼東西能夠像 Uber 顛覆全球計程車產業一樣顛覆全球娛樂產業，我認為就是 VR（虛擬實境）。」雖然之後便是 VR 市場破滅的 2017 年，但到如今來看，他的預測正在成為現實。

2020 年，人們宅在家看電影、玩遊戲的時長增加，VR 裝置的需求爆增。據統計，2020 年的全球 VR 裝置出貨量達到了 670 萬臺，同比增長了 72%。比消費者市場更火熱的是，知名網際網路和科技公司們掀起了又一輪在 VR/AR 領域搶跑布局的熱潮。

與之前 Facebook 一口氣的高調重金收購 Oculus 不同，蘋果公司一邊保持著在 VR 領域的低調神祕，一邊沒有絲毫停下收購的腳步。2020 年 5 月，蘋果以 1 億美元收購了有多項 VR 專利技術的 NextVR（一家專注做體育內容 VR 初創公司），3 個月後又收購了 VR 初創公司 Spaces（2016 年由夢工廠動畫的兩位 VR 技術元老聯合創辦）。蘋果在過去十年裡，已經陸續收購了十來家與虛擬實境業務有關的公司，蘋果在 VR 已逐步形成了從底層硬體、各種辨識演算法以及多項專利的全面覆蓋。

元宇宙的風在吹，大公司們在 VR 領域上占盡先機。除了這些助推，VR 裝置市場的持續上揚還源於爆款產品的推出、價格親民化、優質內容增多打破了以往市場僵局、各項硬體指標的突破，以及 5G 通訊的普及等多重因素的合力。

從近兩年間發售的新品 VR 裝置來看看就更清楚了。

2020 年 10 月，Facebook 釋 出 Oculus VR 一 體 機 Quest2。比起 Quest 初代，Quest2 不具備創新型突破，更像加強版的 Quest。Quest2 採用了高通驍龍 XR2，這是一款專為虛擬實境設計的晶片，具有更高的計算效能和更高的解析度，並支持 90Hz 的流暢重新整理率，在外觀和重量上也更輕巧。更重要的是，Quest2 售價僅為 399 美金，比第一代的 Quest 價格下降了 100 美金，這直接把 VR 一體機拉到了大眾消費級水準。Quest2 的上市再次帶動了大眾對 VR 產品的熱情，「無創新的加強版，但確實是迄今為止最優秀的一體式 VR」，「目前為止綜合水準最好最超值的 VR 裝置」，「不驚豔但是很香」……Quest2 收到了雪花般的好評。

再看看硬體技術上的突破。

帶有獨立處理器的一體機因為有更好的便攜性，成為 VR 裝置的主流。在顯示技術上，菲涅爾透鏡的短焦方案利用 Pancake 摺疊光路，縮短了成像和眼睛之間的距離，促進了極致輕薄化。VR 螢幕的解析度和重新整理率也不斷提升，未來有望達到 16K 的解析度，相當於傳統 TV 的 4K 效果。

2019 年高通推出的 XR2 VR 專用晶片是全球首個 5G 與 AI 相結合的 XR 平臺，與驍龍 835 晶片相比，在 CPU/GPU、影片、顯示、AI 效能等方面有顯著提升，可以在維持低功耗的狀態下有更高的重新整理率，是目前新一代 VR 一體機的主力晶片。

在 VR 感測器方面，蘋果公司計劃在 VR 手套中加入內建 IMU（Inertial measurement unit，慣性測量單元）感測器，可追蹤多個手指和整個手掌的動作，同時將在 VR 眼鏡中加入生物辨識感測器，包括心電圖感測器、皮膚電感測器、壓力感測器、熱感測器等。這些感測器的豐富將極大提升人機互動的體驗感。

通訊方面，5G 的普及必然帶來 VR 的突破。5G 通訊以前，VR 發展達不到預期，關鍵原因是網速的限制導致大型的 VR 場景無法渲染，人物建模難以呈現虛擬實境的效果；同時，網路延遲造成影像和動作不能精準同步，從而讓使用者產生眩暈感。5G 的高速率、大容量、低延時將有效解決 VR/AR 產品的眩暈問題，帶來更好的沉浸感和體驗感。5G 下還可以結合雲端和邊緣計算，把複雜的 GPU 處理傳送雲端，然後透過高速網路傳送回來獲得更逼真的虛擬實境場景。5G 時代，VR 不僅應用於遊戲和影視，有望與更多產業相結合從而產生更加豐富的應用場景。

在內容生態上，2020 年 3 月第一人稱射擊遊戲《戰慄時空：艾莉克絲》一經上市便成為熱門。「你可以和所有你看到的東西互動」，遊戲的互動程度到達了遊戲業界全新的高度，被玩家稱為 VR 必玩的一款遊戲。在遊戲的刺激下，2020 年 VR 活躍使用者大幅增加，也拉動了 VR 裝置在消費市場的銷量，讓玩家們再次充滿了對 VR 世界的驚嘆與期待。

在各種因素的綜合帶動下，VR 裝置蓄勢待發，市場的轉折點正在形成。

Oculus Quest 2 自 2020 年 9 月發售，2020 年的銷售量約 250 萬臺。今年 11 月，高通 CEO 克里斯蒂亞諾 · 安蒙（Cristiano Amon）在公司投資者會議上透露，Meta Quest 2 的總銷售量已達到 1,000 萬臺。雖然這並非正式對外公布的官方數據，但這個強而有力的訊號足夠說明消費級 VR 裝置正在破勢崛起，從小眾領域進入到了大眾消費市場。

Quest 2 全球出貨量首次突破 1,000 萬臺，對於改名後的 Meta 公司，這一天到來得似乎比預期更早了一些，這是 VR

發展過程上一個重要意義的里程碑。回望網際網路的過去，2008 年蘋果釋出 iPhone 3G 並推出應用商城後，在那一年 iPhone 3G 全球出貨量超過 1,000 萬臺，之後帶來了智慧手機銷量的爆發式增長，那便是行動網路的黃金十年。

3. 下一代的行動計算平臺

與其他科技大廠公司紛紛押注元宇宙不同，Google 公司 CEO 皮查伊在接受採訪時表示 Google 的未來將繼續押注在「搜尋」這項最古老的服務上，但同時他也說：「我一直對沉浸式計算的未來感到興奮。這不屬於任何一家公司，這就是網際網路的演變。」

皮查伊說的沉浸式計算的未來則是指以 VR 等虛擬實境裝置建構的下一代行動計算平臺。如果說行動網路的下一代就是元宇宙，那麼 VR 是通向元宇宙的大門。

現在搶占 VR/AR 裝置市場的幾家大公司已浮出水面，它們爭奪的不只是 VR/AR 裝置銷量，而是在搶奪未來數位世界的入口終端與生態系統。從目前的虛擬實境裝置市場來看，沒有當初行動網路時代搶做手機的那般瘋狂，經歷 2016 年前後的洗禮後，大浪淘沙已經初步形成了 VR/AR 的市場格局。

為了說明業務類型的不同，需要解釋 VR、AR、MR、XR 這幾個概念的異同。

VR（Virtual Reality）就是常說的虛擬實境。VR 眼鏡完全包裹雙眼，把人的視覺聽覺帶入到數位化的 3D 虛擬空間中，VR 眼鏡裡看到的是與真實世界截然不同的虛擬場景。VR 眼鏡目前在遊戲與影視娛樂等消費領域應用最多，未來與其他產業結合，將出現 VR 購物、VR 會議，VR 直播等，給人帶來沉浸感。

AR（Augmented Reality）是擴增實境，把虛擬的物體疊加到真實世界裡。AR 眼鏡下看到的是現實世界，在真實場景的背景上新增了虛擬化元素。比如 AR 眼鏡下看到一個虛擬小精靈出現在房間裡，還跳來跳去。AR 眼鏡從外觀上更接近普通眼鏡，通常又被叫做智慧眼鏡。人們可以戴上它在現實環境中行走，利用 AR 眼鏡做輔助性的提示，比如投射導航訊息等。AR 眼鏡的實用性更強，它注重虛擬物品與真實世界的無縫連線。

MR（Mixed Reality）即混合現實，它在 AR 的基礎上多了互動功能，可以理解為是 AR ＋虛實互動。MR 的混合現實下，既可以看到全虛擬化場景，也可以看到真實世界與虛擬物品融合在一起的場景，人可以與虛擬場景進行互動，比如不僅可以看到小精靈在房間裡跳來跳去，還可以去觸控它，它能根據你的手勢做出不同的反應。MR 在工業設計與製造等領域應用更廣泛，MR 眼鏡通常用於企業級使用者。

XR（Extended Reality）是擴展現實，它是 AR、VR、MR 的統稱，具有虛擬實境相關技術的所有特點。

類別	特點	目前主要應用領域	代表產品
VR（虛擬實境）	全虛擬場景	遊戲、影視娛樂	Oculus Quest2、Pico Neo3
AR（擴增實境）	現實世界＋虛擬物品	出行引導、智慧聯控、AR 投影教學	小米智慧眼鏡探索版
MR（混合現實）	現實世界＋虛擬物品＋虛實互動	產品設計、工業製造	微軟 HoloLens 2
XR（擴展現實）	VR ＋ AR ＋ MR	以上所有領域的融合	無

一位教授在一次的演講中，他將元宇宙的建構分為四個層級：第一層為全息建構，第二層為全息模擬，第三層為虛實融合，第四層為虛實聯動。如果對應起來理解，全息建構就是 VR 虛擬實境，全息模擬是逼真度更高的 VR，虛實融合是 AR 擴增實境，虛實聯動則是 MR 混合現實或者 XR 擴展現實。

小米在 2021 年釋出了智慧眼鏡探索版宣傳片，從介紹影片中可以窺探到其豐富的功能。這是一款典型的 AR 眼鏡，使用者可以戴上它在真實世界裡行走，依靠眼鏡投射在眼前的虛擬訊息，完成一些手機上的功能，比如拍照、通話、導航、翻譯等等。

2019 年微軟發布的 HoloLens 2 混合顯示頭戴裝置，支持虛幻 4 引擎，讓開發者能夠將照片般真實的渲染表現，帶到產品製造、設計和建構工作中。這是一款售價不菲，面向企業使用者的 MR 眼鏡。

根據蘋果公司這幾年在感測器技術與追蹤定位方面的深度挖掘，想必裝置將與虛擬場景有高度互動功能。據了解，蘋果的 AR 隱形眼鏡產品也在研發階段了。想想戴上隱形眼鏡就能無感進入虛擬化場景，科技發展下的未來太富有想像力了。

當下 VR 產業主要集中在以遊戲、影片、直播為主的消費者領域，未來在 VR 技術成熟與 5G 通訊普及的推動下，VR 產業將實現從消費者到產業領域的擴展，發展出如 VR 醫療、VR 購物、VR 旅遊、VR 房地產等等。當前透過手機或電腦看到的 VR 看房還不是真正的虛擬實境，只是 3D 全景展示，人並沒有沉浸在場景裡。VR 與眾多產業的結合還是一片處女地，未來有極大的發展空間。

2021 年 12 月，比爾蓋茲在微軟內部郵件中預測未來 2 到 3 年，大多數虛擬會議將從 2D 影像轉向元宇宙，戴上 VR 眼鏡在虛擬的辦公空間參加會議，同事們以虛擬化身進行互動，非常逼真地模擬出在一個真實房間中交談的感覺。微軟

正在著手打造混合現實會議平臺 Teams Mesh，以實現比爾蓋茲所預測的會議場景。如此看來，與 VR 結合落入現實的場景極有可能是 VR 會議，未來企業辦公者有望成為元宇宙的早期使用者。

如果把 VR 與旅遊相結合，能把世界任何地方帶到眼前。VR 旅遊將提供身臨其境看世界的方式：我們可以近距離觀察海洋與陸地、森林與草原上裡的每一種動物，不必擔心安全，也不用再把動物圈養在動物園裡。雖然 VR 無法替代真實的大自然，但是可以讓人在有限的生命內無限拓展體驗。基於 VR/AR 平臺的搜尋功能，也會產生新的互動方式，過去以文字圖片進行搜尋，未來也許能用場景、觸覺、味覺來進行搜尋，比如查一查某道菜的香味、某種鳥類的悅耳鳴叫，搜尋引擎就能把我們帶進一段奇妙的旅程。

虛擬實境的未來並不遙遠。2021 年，國外某節目已經用上了 VR 技術，呈現出了驚豔的舞臺效果。VR 裸眼 3D 演播，全息投影下，舞臺上出現了 18 個 AI 歌手形象，科技感十足，突破了傳統舞臺空間，虛擬與現實的邊界被打破。

未來無數的場景將在虛擬實境技術下被重新建構。就像當年各類消費應用在行動網路時代被重新定義，這些場景在下一代行動計算平臺 —— VR/AR 裝置上再次迎來創新與顛覆。

4.3

全面智慧：從工業網際網路走向宇宙網際網路

在網路時代，我們越來越常聽到一個詞 —— 智慧。從智慧園區、智慧學校、智慧醫院，到智慧交通、智慧城市、智慧農業……甚至智慧星球。是什麼讓我們生活的社會處處充滿了智慧？

通訊技術的發展與人工智慧帶來了全面性的「智慧」，「智慧」可以看是「元」（Meta）的前身，「元」是「智慧」發展到更高階段的形態，「元」是智慧未來。

元宇宙不單單是一個數位化的虛擬世界，還是連線萬物、虛實共生的世界。在元宇宙的世界裡，人的智慧與萬物的智慧更加渾然一體。

1. 全面智慧時代已經到來

「今天，這個現實的物理世界上，有超過 99% 的東西仍沒有和網際網路連線。但是一個叫『全面智慧』的現象，

將會喚醒一切你能想像的東西。到 2020 年，數百億的智慧物體連線進網際網路，把現實的物理世界和網際網路連線起來……」

這是 2018 年凱文 · 阿什頓（Kevin Ashton）在一次名為「開啟地球 1.0 紀元」高峰論壇上的講話。他是麻省理工學院自動辨識中心創始人，他在 1999 年最早提出了物聯網（IoT，Internet of Things）的概念構想，因此也被稱為「物聯網之父」。比凱文 · 阿什頓的概念更早的是，比爾蓋茲在 1993 年寫下的《擁抱未來》（*The Road Ahead*）一書中預言了未來科技發展下，人與物訊息相通的場景。

但是在那個網際網路才剛興起，大眾對網路的概念都很模糊的年代，無論是凱文 · 阿什頓的物聯網，還是比爾蓋茲的未來預言，在當時並沒有引起多大關注。直到 2003 年，美國《技術評論》（*MIT Technology Review*）將感測網路技術列為改變未來人們生活的十大技術之首。

根據研究數據及預測，2020 年全球物聯網裝置數量已經達到 147 億臺，預計 2025 年全球物聯網裝置將達到 309 億臺。不管是保守還是樂觀預計，各方的數據均顯示物聯網規模已呈現海量增長之勢，智慧時代已全面開啟。

物聯網（IoT，Internet of Things）從定義來看，是把所有物品按約定的協定，透過訊息感測裝置，通訊模組和智慧晶片與網際網路連線起來，進行訊息交換和通訊，以實現智慧化辨識和管理。物聯網根據架構又可以分為應用層、網路層和感知層。

以我們最常見的共享單車為例，別看它隨處可見，騎行一次花費也不高，但它集物聯網與通訊，定位導航、大數據與雲端平臺，人工智慧等高科技於一身。在感知層，基於 NB-IoT 新型物聯網技術的智慧鎖是共享單車的核心部件，其超低功耗執行使得電池可以支持單車的整個生命週期。車鎖內建 GPS 和衛星高精度導航定位，覆蓋精準無死角，所以現在停車時單車都能精確判斷是否在允許區域。在網路層，GPRS 與藍牙通訊技術用於掃碼開鎖，並傳送單車數據到雲端。雲端平臺基於採集的單車大數據，結合人工智慧對遍布城市內共享單車進行監控管理、數據分析和智慧排程。在應用層，App 供使用者檢視、掃碼、導航等；對營運商則提供基於雲端平臺管理的智慧系統。

共享單車是物聯網大規模商業化的成功案例。物聯網技術讓傳統單車突破原有想像，在物聯網時代脫穎而出，一舉成為眾多網際網路平臺爭搶使用者的寵兒。共享單車也解決了城市交通「最後一公里」的難題，為人們帶來便利，並帶動了共享經濟，之後共享汽機車、共享行動電源、共享雨傘等紛紛應運而生。

物聯網的應用場景正由單一走向多元，從最初RFID（Radio Frequency Identification，無線射頻識別系統）射頻刷卡，發展出環境監測、智慧抄表、物流追蹤等應用場景，到現在的個人智慧穿戴裝置、智慧家電等，同時也覆蓋到智慧保全、智慧出遊、智慧城市、智慧農業等多個領域。各類感測器裝置互通形成無數個「智慧微塵」，組合成更龐大的工業與城市應用場景。

物聯網連線量快速增長，開啟了萬物聯網時代（IoE：Internet of Everything）。萬物生，智慧長，人工智慧與雲端計算的發展，讓萬物聯網的同時還具備了海量數據分析和場景互動的能力，於是萬物聯網賦予了新的形態——AIoT（AI＋IoT）智慧聯網。網際網路的範圍在不斷擴大，吸收各類科技精華與人類智慧，從單一的數位化訊息網路終於進化成了高級形態，即「元宇宙」。

3. AI＋萬物聯網，有愛的智慧世界

人工智慧的起步比物聯網更早，自1955年的達特茅斯會議上提出人工智慧以來，已經經歷了三次浪潮。人工智慧已經實現了快速計算與記憶儲存的計算智慧，現處於視覺、聽覺、觸覺等的感知智慧階段。2006年深度學習演算法的出現，推動人工智慧進入了第三波——理解與思考的認知智慧。

人工智慧與物聯網融合產生了萬物聯網的「智慧時代」——智慧聯網 AIoT(AI ＋ IoT)。AI 是機器智慧，也是「愛」的化身。在元宇宙裡，智慧聯網連線物理世界、數位化服務、人與場景，形成一個有「愛」的智慧世界。

有愛的智慧世界，從家庭生活開始。隨著感測技術的發展和運算能力的提升，家裡的智慧裝置不再是單一獨立的個體，而是組合成一個整體並發揮各自獨有優勢，就像智慧家庭的超級大腦。聽說過肛紋辨識的馬桶嗎？ 2020 年史丹佛大學發明一種智慧馬桶，它可以像臉部辨識、指紋辨識一樣透過肛紋來辨識人的身分，內建感測器從糞便與尿液中檢測人的腸道消化系統健康程度。據說還計劃增加病毒檢測功能，用來追蹤新冠病毒等傳染類疾病的傳播。

當智慧裝置各自發揮其作用，床檢測人的睡眠，牙刷檢查牙齒和口腔，手環監測心率和血壓，智慧馬桶檢測腸道健康……那麼它們組合起來就構成一個「健康醫生」，對身體進行持續和長期的監測，並及時發出健康預警與建議，所有裝置上的數據整合起來就是一份完整的健康報告。

這個「健康醫生」還能把數據同步給智慧廚房，廚具根據健康狀況自動搭配食譜。「您連續三天牙齦出血，考慮到您最近維生素攝取不足，建議飲食中多搭配新鮮蔬菜」，這個訊息傳給了冰箱，冰箱自動下單，一份蔬菜沙拉出現在

第二天的食譜裡。這大概就是未來的智慧家庭生活場景，自動下單、無人配送到家，智慧烹飪……智慧家電串聯起來，形成場景化的個性服務，一條龍服務到位。在這樣的智慧家庭裡，家電有了新的身分，不再是單一的烤箱、跑步機、音箱……而是組合成烹飪大師、健身教練、私人管家、語音祕書等。

隨著人工智慧在認知智慧方面的發展，智慧裝置還能判斷家庭成員裡不同人的身分，與人的行為習慣「心有靈犀」，使用不同的對話系統，學習發展出人的思維和情感。未來，比你更了解你自己的是人工智慧，是大數據，是你家裡的智慧小家電。

有「愛」的智慧聯網不僅為普通人帶來人性化的智慧生活，也會給孤寡老人、殘障人士等特殊族群帶來智慧關懷。獨居老人在家摔倒或者病發暈倒的事常有發生，他們無法及時尋求幫助或被人看見。這種情況下，如果有智慧陪伴系統，當手環檢測到人體異常就會立刻呼叫家屬或社工，並自動同步鏡頭開啟影片連線。

對於盲人，具有導航避障功能的智慧頭盔可以充當他們的眼睛，提供像導盲犬一樣的行動指引。智慧輪椅或智慧義肢也可以與其他裝置相連，透過各種感測器為不同類型的殘障人士提供訂製化的服務，智慧聯網可以讓他們生活在更加方便安全的家居環境裡，並讓他們可以像普通人一樣出遊、工作和享受生活，這也是 AIoT 時代彌補身體障礙差距、引領更美好生活的一種方式。

有愛的智慧世界也致力於減少人類的高危險工作。智慧聯網裝置可以替代人完成風險環境下的簡單工作，比如高層建築的外牆清潔、疫情隔離區的餐飲配送、隧道礦井的地形勘測等。AIoT 加上 AR/VR 能模擬工地的挖掘機，加上與高可靠和低延遲的網路，可以遠端操控機器在人難以到達的環境中完成工作。

有愛的智慧世界中，智慧聯網也在實現「碳中和」的全球目標中發揮重要作用。物聯網結合 5G、人工智慧、區塊鏈等技術建立智慧能源系統，從環境中採集大量的數據，辨識和分析能效改進機會點，給出合理的行動建議。各類智慧感測器讓企業即時掌握能源和損耗數據，檢測企業在生產和營運過程中產生的碳足跡。智慧家電透過智慧控制能源消耗、優化使用場景，減少碳排放，這也會成為元宇宙發展的願景之一。

萬物聯動，未來沒有孤島。「人類只是創造萬物聯動的工具，而萬物聯動可能從地球這個行星向外擴張，擴展到整個星系，甚至整個宇宙。這個宇宙數據處理系統如同上帝，無所不在、操控一切，而人類注定會併入系統之中。」

4.4

虛擬程式設計：每個人都是創世主

還記得「Hello World」嗎？這是一句來自程式設計世界的簡單問候，是程式設計師的專屬語言。未來的元宇宙是一個可程式設計的世界，程式設計正在成為通用技術。

程式碼是機器的語言，程式設計是與機器交流的方式。在物聯網裝置比人多幾十倍上百倍的萬物聯動時代，每個人都可以是創世主。未來我們的互動方式、經濟活動、世界規則、甚至法律都將執行在程式上，就像虛擬數位貨幣執行在程式碼與演算法上。

1. 程式設計成為教育的新起跑線

與我們這代人中學時接觸電腦、大學時才系統學習電腦程式設計不同，現在的孩子們，從小學便開始學習程式設計，小學教育已把資訊技術與程式設計納入了正式課程。也有越來越多的孩子，在更早的幼兒階段就接觸程式設計了。

他們學習程式設計，不是從寫下第一行「Hello World」的程式碼開始，而是從搭積木式的圖形點選，或者從程式設計玩具開始。

我家孩子的第一個程式設計玩具是一個功能簡單的幼兒程式設計機器人，用預先錄製的指令可以控制它在地面上滑動行走。它就像一個迷你版的掃地機器人，還有語音互動和錄音功能。與遙控車的即時控制不同，為了使它達到目的地，需把前進、左右轉、轉圈等指令以連續按鍵的方式一次性錄入進去，然後它會按照指令執行行走路線。我家孩子經常用這個機器人傳話給我，有天早晨我還沒起床，這個機器人彎彎拐拐進入房間，在床前停下來後是一句錄音：「媽媽，起床陪我玩啦！」接著，我聽見孩子在門外一陣偷笑。他很喜歡這類程式設計化的玩具，比起功能單一的玩具，程式設計類玩具顯然更富有挑戰，既遵循規則，又在場景中揮灑創意，並在遊戲中驗證思考過程。

進入小學前，我家孩子開始在平板電腦上使用軟體程式設計，這是一種叫做「Hello 程式設計」的迷宮遊戲軟體，透過鏡頭與 AR 技術，把場景地圖疊加在真實環境中，掃描指令塊可獲得程式控制模組，組合起來就可以搭建地圖、設計場景與關卡，讓主角在一路跑跳與吃怪中到達終點。除了發揮想像力，遊戲還考驗孩子的空間方向感和思維能力。

樂高積木是風靡全球的玩具，幾乎每個孩子都為之著迷，甚至深得成人的喜愛。美國麻省理工學院的米切爾．雷斯尼克（Mitchel Resnick）教授在與樂高公司合作研究樂高機器人的過程中激發了靈感，首創性地將程式設計技術應用在樂高積木上，讓積木像有了魔法般動了起來。他率領團隊一起開發了 Scratch 電腦程式語言，這是世界上第一個為兒童設計開發的圖形化程式語言，它將複雜的程式碼變得像搭積木一樣簡單。雷斯尼克是樂高機器人背後的科技巨人，創造了積木與科技相連的奇蹟，也因此成為 Scratch 少程式設計之父。

Scratch 雖然看上去像積木一樣簡單，但它的功能很豐富，兒童階段愛玩的遊戲都可以用 Scratch 編寫出來。除了遊戲，Scratch 還可以創造互動故事、動畫、音樂 MV 等趣味作品。米切爾．雷斯尼克寫下了《學習就像終身幼兒園》（*Lifelong Kindergarten: Cultivating Creativity Through Projects, Passion, Peers, and Play*）這本書，他認為孩子們應該像在幼兒園那樣，以遊戲為驅動，有創造性地終身學習。而程式設計是一種語言，是未來孩子們表達創造力的一種方式。

程式設計教育走向兒童化，一方面因為有了像搭積木一樣生動有趣的 Scratch 圖形化程式設計，極大降低了入門難度，把程式設計從一門高難度專業變成孩子們隨手可以自由創造的拼搭遊戲。而另一方面，則是因為程式設計教育的全球化普及。

2013 年，美國公益組織 Code.org 發起了全球性科技活動「程式設計一小時」，於每年 12 月的第二週在全球範圍內開啟電腦與程式設計學習，旨在向全球青少年推廣程式設計教育、普及電腦科學。「程式設計一小時」從一開始便得到了眾多科技大廠公司的大力贊助，眾多世界巨星和科技名人為活動錄製了宣傳影片。奧馬巴非常支持這項活動，他宣稱要讓每個美國孩子在小學便具備最簡單的程式設計能力，他說「程式設計應該與 ABC 字母表和顏色同時得到教學」。

目前，「程式設計一小時」支援 67 種語言，已經推廣到 180 個國家，超過 6 千萬學生參與其中，掀起全球學習程式設計的熱潮。微軟公司還釋出了《Minecraft》，讓孩子在遊戲世界中學習基礎程式設計知識。蘋果應用商城在活動周內，特意推出了「程式碼時刻（The Hour of code）」專題，置頂了一系列程式設計 App 和相關寶貴資源。

2020 年在亞洲開展過近百次「程式設計一小時」活動，除了微軟和 Google 在亞洲的實體門市舉辦了此項活動，一些城市的中小學校也陸續加入了進來。

隨著資訊技術與程式語言納入中小學的課程，程式設計教育成為人工智慧時代新的起跑線。未來是從弱人工智慧向

強人工智慧發展的時代，也是這一代孩子逐漸長大的過程，他們將貢獻出程式設計改變世界的力量。

② 可程式設計的開放世界

過去電腦時代下，那些科技名人用程式設計改變了世界，搭建了龐大的數位世界，推動了人類世界數位化的程式，並由程式設計定義了人與人（如 Facebook），人與機器（如 Windows），人與資訊（如 Google）……的互動關係。在元宇宙的開放世界裡，也一定是可程式設計的，每個人都可以參與進來，為元宇宙添磚加瓦。

程式設計成為元宇宙的生產力。

可程式設計的世界，最先展現在遊戲裡。越來越多火爆的遊戲是 UGC，比如《Minecraft》遊戲裡，玩家除了可以建造五花八門的場景，還可以利用 Java 或 C ＋＋語言編寫自定義的模組，在遊戲中加入原本沒有的功能和物品，拓展更豐富的玩法。Roblox 遊戲平臺提供 Roblox Studio 開放創作工具給使用者進行圖形化設計和 Lua 程式設計，Roblox 全靠使用者自己設計遊戲。在基於區塊鏈技術的虛擬土地交易平臺 Decentraland，使用者買下土地後，可以在自己土地上層搭建場景，利用 Builder 3D 工具設計房子環境，用指令碼語言加入互動功能。

在這類可程式設計的遊戲世界裡，使用者既是玩家也是創造者，遊戲從有限的內容提供變成了無限的內容生產。當人人都戴上 VR/AR 眼鏡，進入元宇宙，化身虛擬形象。那麼美工結合程式設計會為任務形象和道具帶來更多可能性，比如一雙很酷的鞋子帶有特殊技能，可以加速滑行，還可以噴火，一定會很受歡迎。說不定這是程式設計師與美工的未來發展方向，虛擬社群平臺上已經出現了「捏臉師」產業，為虛擬人物提供訂製化的臉型妝容，非常受歡迎。

可程式設計的世界，也會展現在萬物聯動的生活場景裡。一個場景、一個服務都將是由程式碼編寫，比如烹飪某道菜，不需要看食譜一步步來做，直接將食譜發給智慧廚具。食譜就是控制烹飪步驟的程式碼，做飯烹飪就是執行設定好的程式，每一道菜對應不同的程式碼，精確到火候多大、鹽油放多少、烹飪多長時間等等，都寫在程式碼裡。透過程式設計，萬物聯動的裝置有了靈魂和智慧。

元宇宙裡，程式碼可以是一種可打包的商品，程式設計可以是一項服務、一種互動方式、一個特效，或者一個虛擬建築。程式碼就像現實世界建築物的水泥。甚至未來，感官與技能也是可程式設計的。人工智慧下編寫程式碼，讓機器發展技能與智慧，而當元宇宙發展到腦機介面的階段，透過植入晶片來控制人的感官世界、情感世界甚至技能時，那麼

人也將發展成可程式設計的生命形態。就像在《駭客任務》裡，學會一項技能只需要往大腦裡下載一份程式。當感官進入數位化和程式設計化，一見鍾情不只是一種妙不可言的感覺，而是一段程式碼。

在未來可程式設計的世界裡，程式設計成為通用技能，每個人都擁有改變世界的力量，當部分個體的力量轉向為群體智慧，這勢必將元宇宙真正帶入數位文明。

3. 元宇宙裡的數位文明

古希臘哲學家、數學家畢達哥拉斯（Pythagoras）說「數是萬物的本源」，數生成了宇宙萬物，一切物體都是數的表現。他認為，我們生活的這個世界是不完美的，而數字世界是完美的、嚴謹的、和諧的。數就是萬物之主，這個世界被數學的原則控制和控制。後來亞里斯多德總結畢達哥拉斯的「數本源」:「數」在畢達哥拉斯那裡不僅是事物的質料，也是事物的屬性、狀態和模型。

在我們現在的數位化世界裡，數字不僅表示數量，它還承載了這個世界一切豐富多彩的呈現。0和1表達了整個虛擬世界，我們現在看到的文字、圖片、影片……存在於電子產品和網路上的所有訊息都是0與1的組合，它不僅包含了物體的本身存在，還包含了物體的各種形態。支撐元宇宙的訊息系統再龐大，科技技術再發達，建構起它的也不過是 0 和 1，更多的 0 和 1。從這個角度來看畢達哥拉斯的「數是萬物的本源」，不得不感嘆，他在數千年前已經揭示了數位文明的真諦。

從前我們聽盤古開天闢地的神話故事，學習達爾文的進化論，探祕宇宙大爆炸等，這些關於世界與生命起源的故事。但作為碳基生命的人類，始終無法探究到終極的創世奧祕，但現在人可以成為數字世界的造物主，矽基文明的締造者，人類用新技術去開創一個新世界，即元宇宙。在《Minecraft》遊戲裡，有一種叫做紅石的道具材料，紅石火把的發光特性可以代表二極體 0 和 1。於是有玩家將無數個紅石二極體組成了數位電路，龐大的數位電路構成了具有運算能力的 CPU，現在已經可以看到有 8 位甚至 16 位 CPU 的紅石電腦，上面可以做運算、顯示、甚至跑程式，比如俄羅斯方塊。這意味著，在一個數位化的虛擬世界裡，建構了一個計算平臺，可以接著在上面建造另一個虛擬世界。就像《全面啟動》電影，在第一層的虛擬夢境裡，建構了第二層、第三層……陷入了俄羅斯娃娃般的層層夢境。

文明是元宇宙八大特性之一，元宇宙下的數位文明會是什麼形態？在農業文明下，農業勞作與農具是生產力，部落是權力中心。在工業文明時代，人操控機器成了生產力，國

家是最高統治機構。到了數位文明，演算法與程式碼構成的人工智慧將成為生產力，算力即中心，也是 Power（權力）。

有人認為，元宇宙是第三次產業革命，並帶領人類走進真正的數位文明。它不僅僅是網際網路的下一代，而是一個新文明時代的開端。一位 CEO 在推文裡提到一個奇點時間，就是「未來人工智慧強於人類智慧的那個時刻。而元宇宙就是這樣一個時刻，數位生活比我們的物理生活變得更重要、更有價值的時刻」。

這個奇點時刻在於人工智慧，人工智慧正在從弱 AI 向強 AI 的發展過程中，當人工智慧達到一定的程度，不需要人工干預而進行自動決策與自我學習，那時真正碳基生命轉為矽基生命，進入數位文明。

4.5

數位孿生：實物空間與映象世界之橋

相比「虛擬實境」、「物聯網」、「人工智慧」等大眾耳熟能詳的詞，「數位孿生」還是一個相對陌生的概念。

從航太航空與工業製造，戰鬥機與汽車在資訊空間中擁有了它們的數位孿生體，在現代化的智慧城市建設中，數位孿生城市成為又一個科技風向指標。

究竟什麼是數位孿生，這個工業化的詞語和我們的生活有什麼關係？它和數位分身有什麼區別，和元宇宙又有什麼關係？

1. 從工業化製造中誕生的數位孿生

電影《鋼鐵人》中，主角東尼史塔克擁有一套鋼鐵裝甲系統，裝甲配備飛行能力與多種武器，還能不斷改造進化成不同形態。裝甲賦予了史塔克超人的力量和耐力，讓他成為所向披靡、戰無不勝的超級英雄。而觀影者影可能留意到，

史塔克在設計、改進和修理他的裝甲時，並不是基於圖紙或實物上進行操作，而是在裝甲的虛擬影像模型中完成的。

鋼鐵人裝甲的數位虛擬模型內建在 AI 管家賈維斯的智慧系統裡，它不僅能將虛擬裝甲以視覺化的方式顯示出來，還能提供裝甲的即時狀態，讓史塔克能夠及時根據裝甲的損耗程度調整最佳的作戰決策。

這種可以與實體產生互動的虛擬模型早已經存在於學術研究中。2002 年密西根大學的麥可．格里夫斯（Michael Grieves）教授在他的一篇論文中提到「訊息映象模型」，指利用物理產品的數據，在虛擬訊息空間中建構一個數位化的映象模型，並在整個產品的生命週期中建立雙向連繫。存放於賈維斯中的虛擬裝甲就是一個「訊息映象模型」，它出現在鋼鐵人實體裝甲的設計、使用到維修的所有過程裡。

最早實際運用到這項技術的是美國國防部空軍實驗室和美國太空總署（NASA）。空軍實驗室提出「機體數位孿生」來對戰鬥機進行模擬的設想，後來 NASA 將這種技術運用在阿波羅專案中，建立了空間飛行器的數位孿生體，對飛行器進行模擬分析、檢測和預測，並輔助地面管控人員進行決策。於是，數位孿生（Digital Twin）的正式概念從航太領域誕生了，飛行器成了最早一批擁有「數位孿生體」的現實物體。

後來數位孿生技術被廣泛應用到了工業製造，成為了推動智慧製造的核心技術。工廠透過資訊採集與建模技術建造了生產線與工廠的數位孿生體，即有 3D 模型和高模擬場景的「數位工廠」。工廠將物理裝置的各種屬性被對映到虛擬空間中，兩者進行數據同步，用數位模型模擬真實生產線的執行，實現與物理環境即時聯動。在這種「可見即所得」的環境下，傳統分析方法中難以辨別的細微環節得以顯現，生產過程的即時監測與問題發現變得所未有的清晰和高效。

像鋼鐵人裝甲的生產過程一樣，數位孿生應用於工業化貫穿從設計、生產到模擬預測、維護等整個產品週期。設計階段，在虛擬的 3D 數位空間可以快速便捷修改零部件每一處尺寸和裝配關係，讓設計更加精準無誤，降低產品的製造風險。在虛擬空間中還能模擬產線調整帶來的變化，提前預判出錯的可能，或者進行一些創新型嘗試，在預演中判斷決策是否可行，為產品研發帶來更多可能。在數位孿生工廠裡，工程師們戴上 AR/MR 眼鏡，都化身成《鋼鐵人》中的場景，在一個視覺化的虛擬數位模型中去設計、維修他們的產品。

在數位孿生技術應用到汽車產業，特斯拉展示了最佳範例。特斯拉在每一輛車中都安裝了數位孿生應用程式，透過車輛辨識碼（VIN）將物聯網感測器接收到的數據傳送給特

斯拉工廠，對汽車程式進行即時更新，以改善其效能。數位孿生技術運用到能源與環境，產生了風力發電的數位孿生系統。每一臺風力裝置在數位管理平臺裡擁有對應的孿生體，在即時感知下高擬真還原真實環境中的風機裝置的執行狀態，各項風力能源數據得到視覺化的即時監控，確保電力能源的穩定執行。

2014 年以後，隨著物聯網技術、人工智慧和虛擬實境技術的發展，不斷豐富了「數位孿生」的概念和形態。Gartner 在 2019 年時將數位孿生列為「十大策略科技發展趨勢」之一，表示看好數位孿生在未來的發展前景，並指出今後的重點發展領域是與物聯網的結合，數位孿生還可以連線起來建立更大的系統，比如城市。

數位孿生成為新經濟的驅動力，正在解鎖工業 4.0 時代下的更多智慧形態。建築工程、城市管理、能源電力，全景模擬的園區景區等，都成為數位孿生這項技術的結合與發展方向。

2020 年，《失控》（*Out of Control*）作者凱利（Kevin Kelly）發表了以「數位孿生，映象世界」為主題的演講。凱利認為：「映象世界是未來 20 年將出現的一次重大變革，這種變革將當今存在的數位世界層層疊加到現實物理世界中。就像人與人之間的連線，以及世界上所有訊息的連線一樣，映象世界將物理世界與虛擬的數位資訊連線起來，在人與電腦之間創造出一種無縫的互動體驗。」

2. 數位孿生下的智慧城市

在沒有數位化訊息的時代，軍事沙盤可以看成古代的一種「孿生」技術。大將馬援「於帝前聚米為山谷，指畫形勢」，使漢光武帝頓時有「虜在吾目中矣」之感。故事講的是東漢馬援用米來模擬地形，分析軍事形勢和行軍計畫。馬援這一舉動不僅讓漢軍輕鬆穿越數處關隘，有了「聚米為山」的典故佳話，還開創了用於軍事的立體沙盤推演。沙盤裡按照比例勾勒出來的城池建築、山川河流、道路關隘，是城市的早期模型。不僅如此，沙盤裡還可以進行行軍布陣，戰爭模擬等動態的分析和預測。

在軍事中發明的沙盤，在現代被延申應用到了更抽象的領域。運用在心理學，沙盤作為潛意識的 「孿生」工具，來訪者在沙盤遊戲中投射潛意識與內心活動，同時透過沙盤裡角色物品間的動態關係，發現並療癒潛意識中的內在衝突，沙盤視覺化呈現了神祕且微妙的潛意識，還能反作用於潛意識，形成雙向流動。沙盤從古代軍事走向現代心理工具，這也展現了「孿生」技術的精妙之處。

而數位孿生作為重要的數位化技術，也從早期應用的工

業製造走向了城市建設的廣闊背景下，物理世界運載著人類以及龐大的生態系統，山川城池的沙盤被搬入了虛擬世界裡，從此數位孿生的虛擬空間裡，也有了車水馬龍與燈火繁華。只不過這個數位孿生化的「沙盤」不再是為了戰場狼煙，而是為了一個全球化的共同目標 —— 智慧。

2008 年 11 月，IBM 提出「智慧地球」理念，在此影響下掀起了「智慧城市」的建設熱潮。IBM 提出的「智慧」核心理念包含：感知（Instrumented）、連線（Interconnected）和智慧（Intelligent），稱之為「3I」特徵。

1. 更透澈的感知 —— 將各種感應科技嵌入到汽車、家電、公路、水利電力等設施中，令物質世界數據化。
2. 更全面的互聯互通 —— 實現「物聯網」與「網際網路」的融合。
3. 更深入的智慧化 —— 透過雲端計算和人工智慧等技術，對海量數據進行分析處理，以便做出正確的行動決策。

城市是一個巨大的、複雜的系統，其複雜程度相當於人類的神經系統結構，最適合數位孿生。數位孿生技術的提出，為智慧城市的建設帶來了新的解決方案。數位孿生從新興的技術理念，逐步成為智慧城市的「標配」。數位孿生就像是城市的「虛擬副本」，城市裡水、電、氣、交通等基礎設施的執行狀態，警力、醫療、消防等市政資源的調配情況，透過感測器、鏡頭和其他物聯網裝置採集出來，並即時回饋到數位孿生系統裡。數位孿生城市還原了一個完整的城市執行狀態，每個街道的車流變化與交通訊號燈數據一覽無遺。原本不可見的城市隱形秩序被顯性化，城市治理與公共服務變得透明和高效。

在城市建設過程中，因為使用了數位孿生技術，現實建設材料、空間布局等資訊都會同步在數位孿生空間中。比如鋼結構，掃描條碼就能讀取生產廠商、生產時間、進貨時間、品質報告等全部資訊。以後任何地方出故障，比如漏水，在數位模型中便可看到管線走向、閥門位置，檢查起來一目了然。

在愈演愈烈的智慧城市建設浪潮中，越來越多的數位孿生平臺崛起，為智慧城市的建設提供解決方案，各自發揮它們在人工智慧、雲端計算方面的優勢。國外公司中有微軟的 Azure，也有輝達的 Omniverse。

2,000 多年前亞里斯多德曾經說過：人們為了生活來到城邦，為了更好的生活留在城邦。「城市讓生活更美好」不僅是科技願景，也是人文願景。在數位孿生技術為核心推動的城市智慧化程式中，科技也在彰顯「以人為中心」的發展理念。

❸ 數位孿生是元宇宙的第一個層次

如果將元宇宙分為三個層次：數位孿生、數位原生、虛實相生。那麼作為現實世界數位化對映的數位孿生是第一個層次。在元宇宙的世界裡，數位孿生不僅僅適用於製造業與城市管理，它在與人工智慧與虛擬實境的深入融合下，可以衍生出更豐富的結合形態。

自從輝達 CEO 黃仁勳以 14 秒的「假人」出鏡達到了以假亂真的效果，孿生技術用於真人複製也成為了元宇宙風口下新的關注點。早在 2018 年，「全球首個 AI 合成主播」就亮相了，「AI 合成主播」是透過提取真人主播新聞播報影片中的聲音、唇形、表情動作等特徵，運用合成以及深度學習等技術聯合建模訓練而成，能以和真人一樣的聲音，完全吻合的臉部表情進行播報。這是數位孿生技術在傳媒領域的一次成功實踐。

數位孿生用於博物館展示中，也有很好的應用場景。如果用數位孿生對博物館裡的珍貴文物的外形、材質、特徵、歷史文化等多方面訊息進行數位化解構，生成相應的數位孿生體，在虛擬空間中進行全方位的視覺化展示，這樣比只能隔著玻璃的遠觀，看到的更加全面和清晰，並且也能更好地保護、傳承和宣揚文物與歷史。

人體數位孿生，這指的不是用於打造品牌形象的虛擬偶像或「AI 合成主播」，而是用於健康與醫療監測的人體孿生。想像一下，如果醫生可以建立人體的數位孿生版本，數位孿生數據來自家中各種智慧裝置、汽車和身上智慧穿戴裝置的感測器的即時訊息更新。人體數位孿生可以發出健康預警訊號，甚至可以預測癌症等即將發生的疾病，從而在治療可能最有效時進行早期診斷。

也許在不遠的將來，人們可以為所有的新生嬰兒建立獨一無二的數位孿生體。隨著嬰兒的成長，相應的數位孿生體也同步成長，並伴隨人們一生。這些數位孿生體，可以準確預測每個人可能發生的疾病，並提供量身訂製的預防和治療方案，造福全人類。

「脫胎於現實世界、又與現實世界相互影響、且始終線上的虛擬世界」的元宇宙，與「虛實對映、即時連線、動態互動」的數位孿生，存在相似與依賴關係，但卻是兩個不同範圍、不同維度的系統。數位孿生可以看成是元宇宙的一部分，數位孿生是支撐物理世界同步到虛擬世界的技術橋梁。數位孿生是物理世界的數位化映象，它同步模擬一個實體對象，一座城市，甚至一個可以像模擬整個地球。但元宇宙不僅僅是現實世界的同步，它還包含了想像與藝術創作。

數位孿生是以物體為主的，主要應用在工業化與城市治理、醫療、模擬與演示等領域，嚴格遵循物理世界的規則與科學規律，最終的目的為了更好地管理實體或者模擬實體。而元宇宙是以人為主，有人的想像和情感，超脫現實。元宇宙在遊戲影視娛樂中興起，更多科幻色彩。從技術成熟度曲線來說，數位孿生已經趨近成熟，而元宇宙尚處於概念期，未來有更多的想像空間。

數位孿生的發展，依託於大量感測器與物聯網，當進入元宇宙這個更宏大的體系下，數位孿生也將發展衍生出更豐富的形態。也許未來，我們不僅是在《模擬飛行》裡體驗地球，有可能生成整個宇宙的數位孿生體，乘坐火箭或星際列車在虛實共生的宇宙世界裡遨遊銀河系，每個星球上都還原真實的地貌和即時氣候，想想都無比震撼。

4.6

區塊鏈技術：元宇宙的支付密碼

「區塊鏈將顛覆現有網際網路」的呼聲似乎還沒遠去，元宇宙的熱風已經吹來。區塊鏈的顛覆大計還未完成，元宇宙又成了下一代網際網路。當區塊鏈碰到元宇宙，會碰撞出什麼樣的火花？為什麼元宇宙世界需要加密數位貨幣與區塊鏈技術，甚至說「區塊鏈是元宇宙的靈魂」？

2008 年後誕生的區塊鏈技術與 2020 年後爆火的元宇宙不是偶然，它們都是全球性危機下催生的新事物與新願景，有著深刻的時代背景。區塊鏈經過了 12 年的探索發展，其前景與價值已被普遍接受。目前，區塊鏈的實作領域日漸豐富，正在悄然改變網際網路的底層形態。當元宇宙到來，區塊鏈技術有了更廣闊的應用天地，這兩者的結合，就好像「英雄有了用武之地」。

❶ 在金融危機中誕生的「全球帳本」

要講區塊鏈，就得從比特幣開始講起，那是區塊鏈技術誕生的源頭。2008 年 11 月，一位化名中本聰的人發送了一封郵件給某密碼學成員小組，並附有一篇論文《比特幣：一種點對點的電子支付系統》，裡面提到了一種利用密碼學原理、不經過任何第三方機構實現點對點交易的方式。

2009 年 1 月 3 日，中本聰建立了比特幣的第一個區塊，誕生了最早的 50 枚比特幣。他將一句話寫入了創世區塊，「The Times 03/Jan/2009，Chancellor brink of second bail-out for banks」，這是泰晤士報（The Times）當天的頭版標題，意思是「財政大臣正處於實施第二輪銀行緊急援助的邊緣」。儘管這句引用在當時金融危機背景下頗有點諷刺意味，但這份泰晤士報的存檔副本被當作收藏品儲存在倫敦國家檔案館，以紀念比特幣和創世區塊的故事。

中本聰的身分依然是謎，但十幾年來比特幣這套去中心化的機制一直穩定執行。比特幣的價格也經歷了波瀾壯闊的跌宕起伏，從 1 萬枚比特幣買下兩塊披薩的第一筆交易開始，到 2021 年 5 萬多美金一枚的價格，可謂驚心動魄。雖然仍存有諸多爭議，有些國家承認了比特幣合法地位，接受比特幣作為交易和支付手段在本國流通，有國家甚至把比特幣當作本國法定貨幣，比如薩爾瓦多。眾多海外投資機構看好比特幣的長期價值，投資並持有比特幣等主流加密數位貨幣。目前比特幣的市值高達 1 兆美元，接近全球黃金市值的十分之一，所以比特幣又被稱為「數位黃金」。

從實物貨幣、紙幣、電子貨幣，再發展到比特幣，有人稱加密數位貨幣是未來貨幣的終極形式，人類已知金錢的終結。拋開這些說法是否誇張不談，從中可以看到的是，比特幣的確帶來了一種創新與顛覆性的交易方式，它解決了網路交易中的一大難題，那就是信任問題。

不同於現金交易中的「一手交錢、一手交貨」，網路上的消費者與商品或服務提供方之間並不存在天然的信任關係，所以買賣雙方必須依賴一個可信的中心機構，可以是銀行電子支付或銀聯等金融平臺，也可以是 PayPal、街口支付等第三方機構，它們作為權威中心為買賣雙方提供可信任的交易平臺，並記錄交易行為，提供交易電子憑證。

比特幣的出現打破了這一交易方式，比特幣用「工作量證明」共識機制獲得對交易數據的記帳權，用分散式「區塊」結構儲存交易訊息，利用非對稱加密演算法確保訊息的訪問安全。在這種機制下，比特幣形成了一個遍布全球的帳本，不經過任何中心機構便能完成點對點的直接轉帳，它的發行、交易與驗證在自有系統裡完成。

共識機制、非對稱加密演算法、點對點傳輸這些技術在比特幣被發明之前早已存在，但是「區塊（鏈）」這一概念是第一次在比特幣白皮書中被提出。區塊鏈是這個比特幣這個「全球帳本」裡的一種分散式數據庫技術，它把交易訊息以區塊的形式串聯在一起，每一個區塊頭都包含了上一個區塊經過雜湊演算法加密後得到的唯一雜湊值，使得比特幣網路區塊之間環環相扣、緊密相連，從而形成一條難以被竄改的數據鏈。因此區塊鏈具有「公開透明、可追溯、不可竄改」的特點。

人們發現真正驅動比特幣去中心化穩定執行的核心技術是區塊鏈，在經歷比特幣的造福神話後，區塊鏈的價值像「牡蠣中的珍珠」被發現和抽離出來。從此便開始了從「幣」到「鏈」的應用探索。

比特幣是區塊鏈技術的第一個成功應用，比特幣的執行不能脫離區塊鏈，但區塊鏈可以獨立於比特幣產生新的應用。因此基於區塊鏈的核心技術，後來出現了琳瑯滿目的其他加密數位貨幣，比如主流的以太坊、EOS 等等。

無論是加密數位貨幣還是區塊鏈技術，都將對元宇宙的運轉造成至關重要的作用。開放的數位經濟體系裡，一個重要的機制是「Token」。就像獲得比特幣的過程其實是工作量證明機制下的「挖礦」獎勵，Token 又叫做代幣，是可流通的加密數字權益證明，它不僅可以代表某種權益，Token 還可以作為流通代幣獎勵激勵內容創作者與社群，啟用虛擬世界的經濟。

以 Roblox 和 MANA 幣為例，說明普通的虛擬幣與基於區塊鏈技術的代幣有什麼本質不同。Robux 是 Roblox 遊戲中的虛擬代幣，用來支付一些遊戲場景和道具，同時遊戲創作者也可以得到 Robux 獎勵與分成，更神奇的是 Robux 可以直接兌換成美元，獲得現實世界的真實收益。

MANA 幣是去中心化虛擬世界 Decentraland 的平臺幣，它基於以太坊區塊鏈技術，用於購買虛擬世界中的土地和數位商品。以下表作為對比，顯然 MANA 幣更具有開放性、流通性以及去中心化特點，它離開遊戲平臺在交易所也能買賣，並且是點對點的交易過程。而 Roblux 是中心化的代幣，依賴平臺進行交易管理。

Robux 雖然不是基於區塊鏈技術的去中心化代幣，但它為元宇宙提供了創作者經濟的雛形。而 MANA 幣用於 Decentraland 中的虛擬資產買賣，並實現了去中心化交易與資產權益的唯一性，因此創造出了更具價值的商業場景。

幣種	發行方	中心化	範圍	流通
Robux	Roblox 公司	中心化	用於 Roblox 中購買遊戲道具。	創作者可獲得 Roblux 獎勵，Roblox 可兌換美元，但不能在遊戲外流通。交易過程由 Roblox 平臺管理。
MANA 幣	以太坊 ERC20	去中心化	Decentraland 中的通用貨幣，購買土地，人物裝備、數位典藏等。	土地於數位商品交易均可獲得 MANA 幣，可在交易所交易。基於區塊鏈技術的點對點交易。

總之，元宇宙的虛擬世界中需要有不同的貨幣體系自由流通，中心化的貨幣很難達到互通與高效，而基於區塊鏈技術的加密數位貨幣在元宇宙的應用場景下展示了更大潛力。

2. 區塊鏈重塑網際網路的信任與價值

在網際網路時代，網路拉近了人與人之間的距離，但是中心化問題也更嚴重了。我們越來越依賴於第三方，無論是吃飯、購物、出遊還是金融活動，我們把「信任」交給了中心機構，由中心機構來解決信任關係，因為網際網路本身沒有「信任」屬性。但同時，也把大量的個人訊息交付了出去。當中心機構「作惡」時，使用者隱私竊取、鉅額資金被挪用難兌付、競價排名、大數據殺熟、輿論操控等弊端也暴露了出來。

比特幣「全球帳本」證明了在區塊鏈技術下，只需要依靠特定演算法便能建構起信任關係，讓兩個完全陌生的人輕鬆完成交易。因此，區塊鏈被認為是一臺創造信任的機器，為現有的網際網路帶來了低成本的信任解決方案。

信任來自公開透明和可追溯。由於記錄在一個公開帳本裡，每一筆交易訊息清晰可查，同時又帶有匿名性，鏈上交易只能看到交易者的錢包地址，但並不知道擁有錢包的人是誰，所有者透過錢包私鑰掌握錢包裡的數位資產，這樣既確保了每一筆交易的公開透明，又很好保護了隱私。

信任來自分散式儲存及不可竄改。在《脫稿玩家》電影裡，自由城市遊戲的反派老闆眼看竊取程式碼的事情就要敗露，他手揮斧頭氣急敗壞地錘壞伺服器，遊戲世界也隨之一點點崩塌。很難想像如果這種生殺大權完全掌握在某家公司或某一個人手裡的場景就是元宇宙的全部，這注定只能是遊戲形態，而不是一個人人能生活其中的有序世界。在中心化世界裡，資產的安全性取決於中心機構的可靠性，而在區塊鏈系統裡，資訊分布在全球各個角落，即便部分系統宕機，其他所有節點依然完整記錄著所有資訊，所以不會影響整個

系統的運作。除非毀掉 50% 以上的節點，否則不能改變區塊鏈上的數據。在上一節的例子中， Roblox 公司可以回收所有 Robux 幣，因為使用者資產儲存在公司伺服器裡。但 Decentraland 虛擬世界平臺回收不了任何一個使用者手裡的 MANA 幣或虛擬土地，因為交易一旦發生，使用者資產訊息被儲存在區塊鏈上，不被平臺控制。所以，這是區塊鏈為數位資產帶來的信任價值。

信任還來自於區塊鏈的智慧合約。用比特幣等加密數位貨幣完成去中心化支付，是區塊鏈的 1.0 時代。隨著區塊鏈技術的價值被挖掘，人們發現儲存在區塊裡的數據不僅可以用來交易「記帳」，還可以放入可自動化執行的程式碼，於是產生了智慧合約，以及執行在智慧合約上的 DApp（Decentralized Application，去中心化應用程式），這是區塊鏈 2.0 時代，以太坊是代表之一。

智慧合約也可以簡單理解為一段寫在區塊鏈上的程式碼，一旦某個事件觸發合約中的條件，程式碼便自動執行。在現實生活中，履行合約往往需要依賴第三方權威，比如具有法律效力的合約。假設 A 公司承諾一個月後向 B 公司支付一筆款項，並在合約裡寫明了期限和金額。即便如此，實際情況中逾期也經常發生。但如果 A 公司實現了資產上鍊，所有資產與資金都記錄在區塊鏈裡，那麼以智慧合約代替合約，到期將自動執行付款行為，不需要依賴合約和人工干預。從去中心化支付到去中心化應用，智慧合約大大擴展了區塊鏈的應用範圍，讓區塊鏈信任覆蓋到更多現實場景。

區塊鏈發展階段

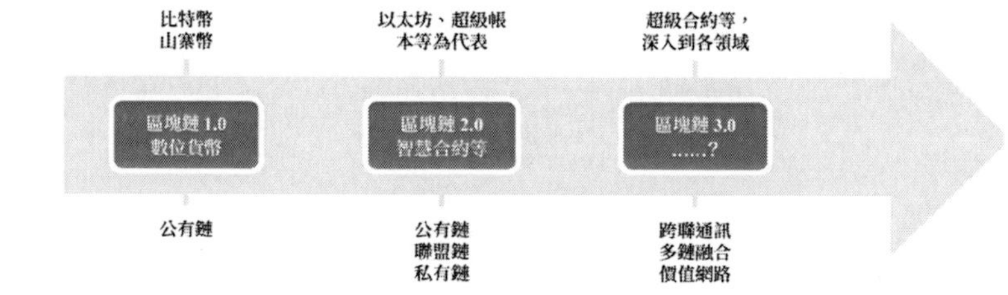

比特幣
山寨幣
區塊鏈 1.0
數位貨幣
公有鏈

以太坊、超級帳
本等為代表
區塊鏈 2.0
智慧合約等
公有鏈
聯盟鏈
私有鏈

超級合約等，
深入到各領域
區塊鏈 3.0
……?
跨聯通訊
多鏈融合
價值網路

資料來源：《區塊鏈：新經濟來源》

區塊鏈從 1.0 到 3.0

（圖片來源：《區塊鏈：新經濟來源》）

加密數位貨幣從一個去中心化帳本進化為元宇宙的價值傳遞載體。區塊鏈以「程式碼即信任」的形式建立了一個基於數位網路的信用系統，這個系統下不僅能進行交易，還能實現現實世界與數位世界之間的價值轉移。在 TCP/IP（Transmission Control Protocol/Internet Protocol，傳輸控制通訊協定／網際網絡通訊協定）協定被發明之前，每臺電腦都是一座資訊孤島，彼此沒有連繫和交流。有了 TCP/IP 網路傳送協定後，解決了電腦之間的通訊問題，全球的電腦連在一起形成了龐大的網際網路。現在區塊鏈在傳統網際網路通訊的協定基礎上，加入了價值傳輸協定，從此網際網路從傳

輸訊息的載體轉向價值網際網路。

3. 沒有區塊鏈的元宇宙會是一場海市蜃樓

除了全感官沉浸的虛擬實境，經濟活動更是元宇宙中不可缺少的部分。如果沒有與現實世界互通的經濟系統，元宇宙的發展可能只能停留在 VR/AR 技術帶來的沉浸式體驗中。如果沒有數位化的價值流動，更談不上數位文明。區塊鏈作為元宇宙經濟系統的技術支援，有人說「區塊鏈是元宇宙的靈魂」，這句話也並不為過。

在今年 5 月釋出的一份研究報告裡，提出 BAND 是構成元宇宙的四大技術支柱，分別是區塊鏈（Block chain）、遊戲（Game）、網路（Network）、顯示技術（Display），特別強調了區塊鏈的重要作用。報告中指出，市場對元宇宙的認識和發展空間並不充分，低估了區塊鏈作為元宇宙關鍵元件的作用。以下摘自研究報告：

「市場的主流觀點認為，元宇宙是一種沉浸感更強的遊戲和社交應用，但尚未認識到元宇宙作為數位世界需要價值傳遞。區塊鏈技術是元宇宙的重要構成，能夠承擔其價值傳輸功能 —— 去中心化的虛擬資產權益記錄與虛擬身分。」

身分是元宇宙裡的重要特徵，我們需要虛擬身分去社交、購買商品和創造價值。現實世界中，身分證 ID 是身分、資產乃至法定關係的唯一憑證。同樣，虛擬世界裡也需要一個數位身分來關聯各種虛擬資產，它不僅僅是一串編號和頭像，在虛實共生的元宇宙中，數位身分與現實身分一樣具有生命力和可信度，兩者可以是互通連結的。區塊鏈讓元宇宙裡的虛擬身分承載價值。

基於區塊鏈技術的數據儲存可以保護個人身分資訊和隱私，並且不被竄改，不被掌握在任何一個中心機構手中。這在元宇宙中至關重要，誰也不希望個人數據被牢牢掌握在某個機構裡，就像使用者數接近 30 億的 Facebook 經常被爆出使用者資料被洩漏那樣。我們也不希望在元宇宙的不同空間裡穿梭時，需要分別註冊帳號或不同方式的身分認證，那樣無法帶來無縫連結的體驗。區塊鏈可以在保護個人隱私的情況下實現身分互通。

在元宇宙中擁有多個虛擬身分意味著可以體驗多元化生活。處在匿名場合，可以隱藏真實身分資訊，在需要身分認證的場合則能迅速完成虛擬身分到真實身分的對映，透過授權訪問只提供必要有限的資訊。虛擬身分與真實身分之間切換自如，身分之間的關聯只存在區塊鏈的數據中，不在任何一家中心平臺的資料庫裡。區塊鏈的身分認證體系，可以判斷使用者身分，也可以保證他人身分不會被複製或盜用。

經濟是元宇宙中重要的活動，需要有連線不同平臺的支

付系統，數位化資產能快速流轉，參與者可以創造價值，價值需要流動，創作者需要得到激勵，實體經濟在元宇宙中獲得更快的資金流轉，有可持續的價值交換才能促進生態繁榮。數位化的虛擬身分將支撐我們在元宇宙的一切活動，它結合 NFT（非同質化代幣）為個人資產提供唯一的數位化憑證，也能結合 DeFi（Decentralized finance，去中心化金融）承載我們在元宇宙中的各類經濟活動。

區塊鏈保障使用者虛擬身分與虛擬資產的安全，打通元宇宙中現實世界與虛擬世界的價值交換，並透過智慧合約保障系統規則的透明執行。區塊鏈作為跨時空的全球化結算平臺，區塊鏈資產流通效率遠高於現實世界，數位資產透過智慧合約幾分鐘就能完成鏈上結算。可以想像，在未來，當實體資產上鍊，區塊鏈的身分認證代替中心機構，智慧合約代替仲介，幾分鐘就可以完成現實世界一套房子的買賣。如果再加上 VR 身臨其境的看房功能，實體的一切步驟流程都可以省去。

區塊鏈應用到物聯網為萬物聯動提供「萬物帳本」，為大數據提供數據資產的流動支撐，DAO（Decentralized Autonomous Organization」，分散式自治組織）為社會治理帶來創新方案。區塊鏈已經超越貨幣與金融領域，擴展至現實生活中的諸多領域，從智慧合約與去中心化應用 DApp 到基於去中心化的「可程式設計社會」，區塊鏈進入 3.0 時代。

區塊鏈不僅建立了一個去中心化的支付體系，為不同的人之間建立信任網路，打通了現實世界與虛擬世界的價值流通，還為社會執行提供了自動化的可信演算法。因此，區塊鏈不僅是元宇宙的支付密碼，還是元宇宙價值體系的底層支撐。在區塊鏈技術的支持下，「元宇宙」從概念到雛形落實，再到繁榮發展，都將不是海市蜃樓。

4.7

NFT：元宇宙的數位資產保護

在 2021 年與「元宇宙」概念一起成為焦點的，還有 NFT。

元宇宙未至，但 NFT 交易市場已經火熱。NBA 著名球星柯瑞（Stephen Curry）以 18 萬美元買下了一個無聊猿頭像，華語流行樂壇的著名歌手周某與朋友創立的潮牌釋出 NFT 幻想熊，2022 年元旦這天，不到一個小時的時間裡，這款 NFT 產品就售罄。

一個個看起來如此普通，網路上隨時可以複製下載的圖片竟然能賣到如此天價，這為新鮮事多到讓人目不暇接的時代又添上了一個不可思議的驚嘆號。

這天價交易背後的邏輯就是 NFT（非同質化代幣）。在區塊鏈技術基礎上發展起來的 NFT 神祕之處在哪裡，為何它可以讓數位藝術品變得獨一無二？當它結合 DeFi，又如何讓元宇宙裡的經濟體系成為可能，我們普通人也可以創作或擁有 NFT 數位資產嗎？作為一個新興事物，NFT 的風險又如何？

1. 名人們買入的頭像為何這麼貴？

2017 年，兩個加拿大軟體工程師用演算法生成了一組名為「加密龐克族 Cryp to Punks」的系列影像，這 1 萬個 24x24 低畫素圖示裡大都是形態各異的男孩女孩頭像，也有猿、殭屍，甚至奇怪的外星人。創作團隊最初將這些圖示免費贈送給了以太坊錢包使用者，幾年的時間裡，這些頭像經過不斷的流通買賣，2021 年突然火爆起來，吸引了海外體育名人和投資機構的參與，掀起了一股「龐克族頭像」風，其中一個嘴裡含著菸斗的圖示被賣到了 760 萬美金。

今年 8 月，NBA 著名球星柯瑞以 18 萬美元的價格拍下一張無聊猿圖片，當作了推特頭像，這一訊息迅速紅遍全網，評論區裡網友們紛紛換上柯瑞的同款無聊猿頭像，調侃說白蹭到了 18 萬美金。一時間蔚然成風，更多名人加入到了高價買頭像的佇列。拳王泰森（Mike Tyson）幾萬美元買下一個戴墨鏡的貓咪頭像，影星余文樂花數百萬元買下了一個畫素龐克族頭像，價格高到令人咋舌。

這些高價頭像有一個共同點，它們是帶有所屬權證明的 NFT 數位品。NFT 的全稱是 Non-fungible token，翻譯過來是「非同質化代幣」。它是基於以太坊平臺的 ERC721 協定發行的代幣，具有唯一性、可溯源性和不可分割性。NFT 的早期應用可追溯到 2017 年一款叫做加密貓的區塊鏈遊戲，玩家可

以飼養和繁殖寵物貓，然後進行售賣，NFT 標識每隻貓的屬性，包括花色、唯一基因、代際等。由於每一隻貓的基因組是獨一無二的，因此遊戲裡的寵物貓被抬賣到了高價。

我們平常使用的貨幣，如果是相同面值，比如「你的一百元和我的一百元」，那麼在價值上沒有任何區別，具有同樣的購買力，也可以隨意交換。比特幣，以太坊等主流加密虛擬貨幣，本質上都是「同質化代幣」，雖然價格存在波動，但每一枚位元都是等值的，交易時不存在差異。加密龐克族的畫素圖示和柯瑞購買的無聊猿頭像，都具有基於區塊鏈技術的NFT 屬性，NFT 讓這些數位化影像具有不可竄改的唯一所有權，雖然網友們可以一鍵換上柯瑞的無聊猿頭像，看上去也完全一樣，但網友們複製不了這張頭像的所有權，也不能把柯瑞的頭像拿去售賣，因為柯瑞的交易資訊、所有權與這張頭像以NFT 的形式記錄在區塊鏈上，無法竄改或複製。

除了圖示頭像，其他類型的數位品也可以被製作成NFT。Twitter 創始人傑克 · 多西（Jack Dorsey），把他發出的第一條推特製作成 NFT，競價賣出了 290 萬美元。Topshot網站把NBA球星精彩扣籃瞬間的影片做成了NFT進行拍賣，其中勒布朗 · 詹姆斯（LeBron James）的一個扣籃 NFT 影片賣到25 萬美元的價格。NBA 夏洛特黃蜂隊推出的NFT門票，不僅可以使用，還具有收藏價值。

名人效應加速了 NFT 的發展，也為 NFT 交易所帶來了巨大交易量。最大的 NFT 交易所 Opensea 在 2021 年 8 月分達到了 34 億美金，成為歷史最高額。2021 年上半年，NFT 總市值已經突破 450 億美元。NFT 市場火熱的原因除了名人效應，還因為基於 NFT 的數位資產品類不斷增多，這個現象也說明了區塊鏈技術運用於數位資產逐步走向成熟，並被大眾共識所接受。

2. NFT 讓數位藝術品獨一無二

在數位化網路裡，複製是一件極其容易的事情，這也是電腦的神奇之處。網路一篇文章、一張攝影作品、一段影片創作，隨手便能引用和下載，於是網路作品被侵權的例子數不勝數。網際網路是一個完全開放的世界，訊息傳播速度快，即使被侵權也較難進行追蹤定位，盜用者身分難查清，這導致數位作品侵權取證難度高，維權成本也高。

數位作品，尤其是藝術品，往往凝聚了原創者大量的心血和獨創想法，但是在圖文辨識與人工智慧技術的輔助下，非法盜用與仿製加工變得愈發簡單。在巨大利益的驅使下，對數位作品的侵權從影像影片擴散至遊戲、動漫動畫和網路文學等更多領域。在版權侵權案例中，數位作品占比在逐年攀升。

網路侵權打擊了創作者的積極性和創造力，也使得數位藝術品的發展遭遇阻礙。但隨著區塊鏈技術的發展，區塊鏈運用於產權保護的的方案探索開始了。尤其當 NFT 出現後，充分利用區塊鏈公開、透明和不可竄改的特性，再加上 NFT 的唯一性與不可分割性，很好地解決了數位作品的版權問題，有了「確權」護體後的數位藝術品在網路世界有了新的發展動力。

我們以現實世界的資產和交易為例，來說明 NFT 是怎麼實現這一過程的。房契是房屋所有權的唯一憑證，裡面有房屋編號和屋主身分資訊，並登記在地政局的系統裡。在超市購物時，交易完成後，消費者會得到一張購物發票，發票記錄交易時間與物品清單，代表的是商品所有權的轉移。

當數位作品被製作成 NFT 時，會在區塊鏈上申請一個簽約，簽約成功的訊息就是一個 NFT，被記錄在以太坊公鏈上。NFT 裡包含了作品地址、所有者地址、交易時間與價格等。所有者的數位錢包地址就是這個數位作品的所有權憑證。NFT 就像房契與購物發票的結合，記錄了所有權資訊，同時也包含交易資訊。不同的是，這些資訊不儲存在地政局或者超市的網路系統裡，而是存在於去中心化的區塊鏈資料庫裡，公開透明，所有人可見。

NFT 數位作品具有唯一性。每一份數位作品和一個唯一的雜湊值進行連結，使數位作品永久地儲存在區塊鏈上。區塊鏈公開透明、不可竄改，只要掌握了 NFT 代幣，就擁有了數位作品唯一可信的產權。基於 NFT 的數位資產交易都被記錄在區塊鏈上，公開的帳本不能被竄改，也不會丟失，可永久儲存。

每一次交易具有可追溯性。每一份藝術品從釋出到之後的每一次交易，都有自己唯一的辨識碼。在這個交易鏈上，可以被溯源。利用 NFT 的每筆交易可追溯性，創作者可以設定交易規則，每發生一次交易，創作者都可以獲得一定比例的版權費，從而為自己創造源源不斷的收入。

NFT 的應用潛力被發掘後，不少藝術家將自己的創作品上傳至 NFT 拍賣市場。最為出名的是數位藝術家 Beeple 創作的《每一天：最初的 5,000 天》。這張圖將 5,000 張日常畫作拼接在一起形成，2021 年 3 月 11 日，在百年老牌的拍賣公司佳士得以 6,900 多萬美金的價格成交，成為在世藝術家成交作品中的第三高價。

為了將價值轉移到數位世界，有人甚至不惜燒毀實體藝術品，並美其名曰「燃燒的藝術品肩負著用 NFT 連線世界實體藝術的使命」。此前，有一群人燒掉了著名街頭藝術家班克西（Banksy）創作的畫作《白痴》（*Mornos*），並把該畫作的數位版本製作成了 NFT，在 OpenSea 平臺以 38 萬美元

拍賣售出，是實體原畫的售價近 4 倍。

不僅是圖片和數位藝術品，理論上 NFT 可用於代表數位世界裡的任何資產，比如聲音、文字、遊戲裝扮與道具、虛擬地塊，甚至實體資產等等。

從體育明星、藝術圈到銀行、大眾，從天價 NFT 頭像到免費數位新聞藏品，NFT 的應用離我們越來越近。未來 NFT 數位品不會是奢侈品，而是數位資產存在的一般形態。但 NFT 投資領域也存在流動性風險，這些高達數百萬甚至數千萬美金的數位藝術品，可能很難二次轉手。NFT 代表著數位藝術品收藏的未來，但也不排除部分 NFT 交易基於炒作。

國外某公司免費發行 NFT 數位典藏，讓大眾體驗到撲面而來的數位未來，也了解到它將不是藝術愛好者專屬，普通人也能輕鬆擁有 NFT 數位品。

3. DeFi ＋ NFT，打造元宇宙的經濟體系

在現實世界的金融體系裡，除了交易與支付，還有一系列其他金融活動，比如借貸、抵押、保險等。前面我們聊過，比特幣帳本如何實現去中心化的支付，區塊鏈技術如何塑造一個去中心化的信任體系，以及如何實現網際網路空間的價值轉移。那麼基於區塊鏈特性，如果它和傳統金融相結合，又會發生什麼呢？

於是，DeFi（Decentralized Finance）產生了，即去中心化金融。它利用區塊鏈的智慧合約實現了傳統金融機構的各種功能，如衍生品、借貸、交易、理財、資產管理和保險等。相比傳統中心化金融，DeFi 金融專案依靠區塊鏈技術實現了去中心化執行及無中心化監管，DeFi 協定即智慧合約本質上是可程式設計的電腦程式碼，這些程式碼自動執行，由網路上的節點進行確認，使得金融活動的執行無需信任第三方。而且程式碼開源透明，許多 DeFi 專案還提供漏洞賞金計畫，讓大眾參與安全審查。

DeFi 下的去中心化借貸不需要借款提供良好信用證明，也無需銀行或擔保公司作為仲介，只需要抵押一定數量的數位資產便可在 DeFi 借貸專案平臺貸款，貸款利率由智慧合約演算法根據市場供需動態計算。同時，任何人也可以出貸自己的數位資產賺取收益。平臺不掌握借貸雙方的數位資產，整個流程由智慧合約完成，相比流程複雜、稽核時間長的傳統金融，DeFi 借貸可以在非常短時間內即可完成。

DeFi 下還產生了去中心化交易所 DEX（Decentralized Exchange）。交易所不存管交易雙方的資產，只提供撮合交易的智慧合約演算法，資產直接透過雙方的區塊鏈錢包地址進行交換，而且無需實名認證，只需要一個區塊鏈錢包即可。

在現實世界裡，我們擁有的大部分實體物品都有明確的所有權。大到土地、房子，小到一個水杯、一支筆。在元宇宙世界裡，我們也會有各種數位化的虛擬物品，虛擬房子、虛擬寵物，以及大量的個人資料。在數位經濟活動中，不僅是加密數位貨幣和代幣的流動，還將有大量物品的交易，但只有明確歸屬的物品才能進行交易和流動。當 DeFi 結合 NFT，數位資產不僅具有了唯一所有權，而且在去中心化的金融體系中流通更加順暢。DeFi 的各項應用讓區塊鏈技術從服務於金融發展為重塑金融形態。去中心化金融機制下，使用者完全掌握對自己數位資產的掌控權。基於智慧合約的可程式設計特點，可以搭建起開放式金融平臺。以「程式碼即信任」的形式確保金融活動的規則公開透明。

以當下炙手可熱的虛擬土地交易平臺 Decentraland 為例，我們來看看 DeFi 結合 NFT 的應用下的去中心化經濟活動。Decentraland 創立於 2017 年 9 月，是基於以太坊區塊鏈上的去中心化虛擬平臺，是一個由使用者打造並擁有的虛擬世界，可以看成是 VR 版和區塊鏈版的《第二人生》。使用者使用平臺的原生代幣 MANA 購買虛擬土地，土地總量有限，每一塊土地基於 NFT 形式而具有唯一所有權，並且交易紀錄存於區塊鏈上，因此虛擬土地成為搶手的稀缺資產。

使用者購買土地後可以在上面建立各種場景比如商場、

電影院、遊樂場，也可以釋出內容比如影像、遊戲、應用程式。這種自由創作吸引了高人氣與各種創意。藝術家們可以將自己創作的 NFT 藝術品放置在「虛擬藝術長廊」進行展示和銷售，使用者可以在裡面建立虛擬場所聚會或開展虛擬會議。虛擬房產開發商 Republic Realm 在此買入土地並建造了 Metajuku 虛擬購物中心，已經吸引了商家在這裡入駐。

Decentraland 虛擬世界裡不僅由使用者提供場景內容，還由使用者組成的去中心化組織 DAO 自行決策和管理公共資產和執行規則。DAO 是 DeFi 去中心化金融裡的一種組織形式，也是區塊鏈技術的具體應用形式。使用者透過 DAO 參與建立平臺執行規則，比如土地政策、物品售賣、活動發布等等，也透過 DAO 來維護關鍵資產，比如公共道路、廣場等，也透過 DAO 來管理平臺智慧合約與協定。

雖然 Decentraland 裡的 NFT 虛擬土地被炒到高價，裡面有諸多非理性的成分，但 Decentraland 以 NFT ＋ DeFi 形式勾勒出了執行在區塊鏈上的元宇宙世界版圖 —— UGC 內容創作與無限拓展、自由流通的經濟體系以及完全自治的組織治理。這對區塊鏈技術建構元宇宙經濟系統帶來可參考的模式範本。這也讓我們不由得思考，一個高度開放、創作自由和金融流通的區塊鏈遊戲，與一個視覺體驗無限逼真的全沉浸遊戲，到底哪個更接近元宇宙世界呢？

NFT ＋ DeFi 的應用下，更多現實物品將具有唯一數位化憑證。如果與數位孿生結合，現實物品在數位空間不僅有數位孿生體，還是獨一無二的價值體。比如一家瑞士科技公司 WISeKey 為高階葡萄酒和烈酒加上智慧晶片生成數位孿生酒，對實體酒進行身分驗證和狀態追蹤。每瓶酒以 NFT 形式進行售賣，使用者購買後獲得唯一所有權的 NFT 數位酒，可以對其進行收藏、轉賣或者兌換成實體酒。

更多金融活動轉向數位空間，以智慧合約形式執行。比如借貸、保險、理財等。其實現在保險越來越線上化了，可以和保險代理人隔空簽名完成投保，不需要代理人的網際網路保險已經替代一部分人工投保。如果基於 DeFi 的保險，保險條款將寫在智慧合約裡，並與醫院訊息和個人身分系統聯結，當觸發條件時自動完成核保與理賠，無需人工干預和資料提交。

DAO 去中心化自治組織滲透社會生活。社群平臺、遊戲平臺以去中心化方式執行，平臺不掌握核心資產，使用者透過自治組織形式參與平臺管理，不僅實現訊息與價值儲存的去中心化，也實現權力的去中心化。使用者透過持有通證享有社群治理的決策權，在平臺上創造的價值也更多流向使用者，而不是平臺。DAO 使用者共同決策平臺執行方式，並透過可程式設計演算法寫入區塊鏈，規則透明公平。

在區塊鏈技術下，這是一場史無前例的遷徙。物種從海洋世界往陸地遷移時，不僅僅發生了生活空間與生活方式的改變，也改變了生命形態與文明。同樣，元宇宙帶來的不僅是虛實共生的全息通訊與智慧聯網，還將透過區塊鏈技術改變經濟形態，完成價值與生產關係從現實世界向數位世界的遷移。

第 5 章：

我們準備好迎接元宇宙了嗎？

5.1
虛擬是永恆的創世衝動

「說好的星辰大海，你卻只給了我 Facebook。」

—— 劉慈欣

「虛擬是永恆的創世衝動」，第一次看到這句話是在一份長達 100 多頁的元宇宙發展研究報告裡，在我的腦海裡立刻浮現出了古代壁畫、古希臘神話與奧林匹斯山諸神。這使我深刻意識到，藝術便是虛擬化的創作表達，走向元宇宙的歷程不是現在才開始，「虛擬實境」這份寫在人類基因裡的創世衝動從史前文明，幾萬年前我們的祖先在巖壁上鑿下的第一筆就存在了。

如果說本書前面的內容是從大眾媒體、大廠公司以及科技構成的角度講述元宇宙，那麼這一章節裡，我們將更多從人文思考的視角來探討元宇宙。

1. 一切藝術都是虛擬與現實的交融

從遠古時期的壁畫開始，便有了對虛擬實境的探索。法國拉斯科洞穴壁畫出現在距今 1 萬多年前的舊石器時代，其精美程度堪稱「史前羅浮宮」。現代人透過被列為「世界文化遺產」的壁畫去了解穴居原始人的生活原貌，如果沒有這些「模仿」現實而創作刻下的壁畫，那麼我們對史前文化的追溯恐怕有了斷層。

神話是另一種「虛擬實境」的創作。古希臘的奧林匹斯眾神，有著與人相似的樣貌和性情，並擁有超越現實的力量，他們如「混合現實」般遊歷人間，留下了膾炙人口的神話與英雄史詩故事，不僅深刻影響了西方世界，至今仍然是人類共同的精神家園。從神話與祭祀活動裡，又誕生了如「伊底帕斯王」這樣的戲劇，裡面塑造的人物悲劇雖是虛擬故事，但關於「無形命運」的思考一直存在我們的現實中，成為後世文化的思想泉源。

壁畫、神話、戲劇……這些模模擬實世界的虛擬創作，是人類獨有的藝術行為，也是人區別於其他物種的智慧與審美意識。關於「美的起源」，古希臘亞里斯多德曾提出「模仿說」，他認為對現實世界的模仿形成人類孩提時代的美和藝術。

基於對美和藝術的追求，人類從現實世界進入虛擬世界的渴望，從創世之初從來沒有改變過。在科技的發展下，虛擬創作的藝術形式越來越豐富，帶給人的感官沉浸感也越來越強烈，從音樂文學到舞臺表演、從各類繪畫到動畫電影、從戲劇到真人劇本殺，藝術在真實世界與虛擬實境之間以各種視角來回切換，觀眾在戲劇化與激烈衝突的劇情中，感受「第二人生」。多元化的藝術形式，讓人在「只活一次」的有限生命裡，盡可能拓展出豐富的生命體驗。

藝術的表達與傳播也離不開科技，科技可以更好地呈現藝術。藉助科技，可以把梵谷的一生融入他的畫作裡，以電影的方式帶給觀眾。珍貴的名畫創作，可以燃為灰燼化為 NFT 數位典藏，以另一種形態在數位世界獲得永生。藝術與科技，虛擬與現實，邊界正在被漸漸打破。

從某種意義上，所有的藝術形式都是虛擬實境，未來藝術在全息通訊的元宇宙裡，又會出現怎樣的新形態，這將又是一個以史前壁畫為起點開始的全新探索過程。

2. 星辰大海與虛擬世界，你如何選擇？

如果馬斯克（Elon Musk）給你一張去火星的星際船票，哈勒戴（James Halliday）給你一把開啟綠洲世界的終極鑰匙，而你只能接受其中一個，你會如何選擇？

一個通往浩瀚太空與地球外星系，未知的旅程中人類渺小如塵埃。一個是《一級玩家》電影中哈勒戴創造的虛擬遊戲世界，在那裡人便是叱吒風雲，無所不能的主宰。

元宇宙概念誕生後，這成為了關乎「人類未來命運走向何方」的對立選擇。一位科幻小說家說，人類的面前有兩條路，一條向外，通往星辰大海。一條向內，通往虛擬實境。該小說家獲得 2018 年的克拉克想像力服務社會獎，他在美國華盛頓出席頒獎典禮時發表了一份演講，其中有幾段深刻且耐人尋味的話語。

相對於充滿艱險的真實的太空探索，他們更願意在 VR 中體驗虛擬的太空。這像有一句話說的：「說好的星辰大海，你卻只給了我 Facebook。」

科幻的想像力由克拉克的廣闊和深遠，變成賽博龐克族的狹窄和內向。

在這無數可能的未來中，不管地球達到了怎樣的繁榮，那些沒有太空航行的未來都是黯淡的。

2018 年那時元宇宙的概念還沒流行，這些話並不直接指向元宇宙。在今年元宇宙和 VR 火熱之下被網友們重新解讀，小說家的觀點與當下炙手可熱的市場形成鮮明對比，於是太空探索與內在感官世界成了二元對立。

「星辰大海」與「虛擬實境」真的不能共存嗎？在我理

解來看，這兩者其實並不矛盾。Roblox 公司上市時，大眾普遍認識都覺得元宇宙只是一個大型的虛擬遊戲，當 Facebook 改名 Meta 並推出 Horizon Workrooms 平臺時，元宇宙的理解裡又多了一份 VR 社交屬性。在當時的網路媒體文章裡，對元宇宙的共識定義是「一個獨立於現實並且與現實世界平行的虛擬世界」。

獨立且平行，意味著與現實沒有互動，戴上 VR 裝置無論是玩遊戲，看電影或者是社交，都在一個完全的虛擬空間。然而在各項高科技術對元宇宙版圖的支撐下，我們對元宇宙的理解像一塊塊拼圖，拼成了一份趨於完整的未來地圖，它不僅僅是 VR 裡的虛擬實境，還是人能生活其中的虛實共生世界，一個有價值流動的經濟體系。

自動駕駛需要萬物聯動，智慧化建設需要人工智慧，宇宙聯動需要天地空通訊一體化，航太與工業製造需要數位孿生……元宇宙與需要更多科技的深度融合，晶片、新能源、5G、雲端計算、數位孿生、人工智慧、大數據、通訊等技術不僅推動元宇宙成型，也是推動航太探索的科技力量。元宇宙與星辰大海不是非此即彼，而是相互促進，最終殊途同歸。

未來有人登上火星，也有人可以躺在椅子上戴著 VR 身臨其境感受火星樣貌。

元宇宙不會帶來文明競爭，而是把人類帶入下一個文明。

5.2
面對元宇宙，你在擔憂什麼？

元宇宙中的虛擬實境可以無限趨近真實世界，但它不是完美的世界。它和現在的網際網路或者任何新科技一樣，既帶來新技術的美妙，也不可避免造成科技副作用。滋長沉迷、虛擬化帶來的享樂主義、現實人際關係疏離等等問題，這些擔憂從網際網路開始之時便存在，並且會隨著數位化過程被不斷擴大。

1. 為什麼對元宇宙的觀點截然不同？

如果試著和身邊的人去談元宇宙，會發現不同人持有截然不同的看法。有的人覺得擔憂，未來網路占據更長時間，虛擬化帶來更多不真實感。有的人對元宇宙感到興奮，對新技術的未來表示期待。有人擔心失去現在的工作，有的人急於想知道買什麼股票才好。有人說元宇宙不過是一場資本的狂歡，有人說元宇宙注定是人類科技的未來。

另有一些人不願想太多，不去追逐新聞報導的焦點，不用理會網路上那些眾說紛紜，隨大流被時代浪潮推著走便是。或者選擇做一隻鴕鳥，把頭深深埋進眼下忙碌的工作生活裡。

一千個人眼裡有一千個哈姆雷特（Hamlet），那麼一千人眼裡有一千個元宇宙。試想一下 ——

1. 元宇宙之下人的精神世界是更禁閉還是更自由了？
2. 虛擬實境會讓現實更美好還是讓人脫離現實？
3. 元宇宙的科技會解決貧富與環境問題還是加劇矛盾？
4. 人工智慧會不會取代人甚至控制人？

這些問題看似對立，但實際上在我們現在的網路世界中早已同時存在。這是因為事物的發展總是具有兩面性，就像硬幣的正反面。火的出現幫助人類脫離茹毛飲血的原始蒙昧，但從此火災也如影相隨。彈藥的發明將無數天塹變成了通途，但也因此帶來了戰爭和毀滅。同樣，科技在推動人類社會向前發展的同時，也帶來了新的生存危機。

一種是競爭化與兩級分化的內在危機。新科技下的產業帶動一大波勞動力創造財富，但是當產業趨近飽和，當過剩的勞動力人口投入到有限的資源裡時，競爭就會不可避免地發生。所以競爭是每一輪科技水準發展到最後階段需要面臨的困境。而打破競爭的方式是發掘下一個尚未開發的全新領域，重新釋放勞動力。

科技對消除區域貧困造成了積極作用，但是科技大廠也拉大了社會的貧富分化。先進國家注重智慧財產權與專利保護，透過建構全球產業鏈形成稀缺資源壟斷與財富集中，從而進一步加劇了國家之間的不平衡發展。

外在的生存危機是指自然資源與環境。科技進步創造了大量財富，同時對自然資源無節制的索取也導致了不可再生資源急遽枯竭，現代工業農業造成的大量廢料，威脅到人類賴以生存的環境，資源與環境問題日益嚴重。

隨著人工智慧演算法與深度學習的崛起，機器智慧也威脅到了人類安全。一方面人工智慧正在取代人力成為生產力，把大批人從繁雜和危險的工作職位中解放出來，另一方面也深深擔憂如果機器智慧超過人腦智慧，將來會不會出現人工智慧控制人類的局面。就像《瓦力》電影裡，人只需要躺在可以移動的椅子上，穿衣服盥洗、吃食物等各類日常事情都由機器人幫助完成，人甚至都不需要下地行走。或者再極端一點如《駭客任務》裡的場景，人的一切意識與感官活動都是機器與演算法控制下的產物，人在真實的現實世界裡只剩下沒有靈魂的軀殼。

從這些宏大且對立的矛盾點來看，作為個體產生對元宇宙截然不同的看法不足為奇。未來的迷人之處就在於未知帶來巨大的想像空間，以及各種衝突下的不確定性。科技是把雙刃劍，這使得我們邁向元宇宙時，不得不考慮機會與風險、沉迷於反沉迷、社會與環境等因素的平衡制約，在科技造福人類的美好願景與必然導致的風險困境等種種衝突中抉擇前行。這將是一個永恆並無止境的探索。

2. 元宇宙會培養新一代享樂主義嗎？

「奶頭樂」（tittytainment）是指隨著生產力的提升，一大部分人的勞動力剩餘，為了安慰這些「被遺棄」的人，於是用大量低成本的娛樂活動填滿這些人的剩餘時間，比如網路、影片和遊戲，就像塞了個奶嘴，讓他們沉迷於享樂中並感到安逸滿足，從而避免分配不平衡導致不滿和社會動盪。

如今網路世界裡充斥著大量的「奶頭樂」，讓人欲罷不能的短影片、遊戲，各種毀價值觀的肥皂劇，大量的明星醜聞報導等等供大眾娛樂的節目，結果很多人在手機裡消耗的時間越來越多，深陷在平臺投其所好的演算法裡，沉溺在當下的簡單快樂中，喪失了深度思考和專注力。

當元宇宙的虛擬實境帶來更加刺激的遊戲、更加真實的感官沉浸、不受約束的虛擬社交，這不由得讓人擔憂「奶頭樂」的精神麻醉會愈發嚴重麼。試想一下，當虛擬世界建構了一個隨時隨地的天堂，每個人可以成為隨心所欲的造物主，再對比苦逼的現實世界，那會成為多少人的「奶頭樂」來源？

當「奶頭樂」人群進入元宇宙，會更加依賴「奶頭」式的精神餵養，而創造者進入元宇宙會創造出更多的價值和財富，80/20 法則會一直存在。除了奶頭樂人群，還有一種被稱為數位化時代的「遊戲勞工」。遊戲玩家花費大量時間與精力在遊戲平臺上，同時也在不知不覺中為遊戲公司創造了大量利潤，他們沉迷其中以此為樂，但實際上被遊戲平臺各種演算法鎖住，被剝削了時間和自由而渾然不覺。

在電子時代和網路世界裡，「奶頭樂」人群與「遊戲勞工」會以不同形式存在並警醒世人。反沉迷是個人的價值選擇，同時也需要平臺與監管機關承擔起更多責任。在網際網路早期興起時，網路被視為虛無縹緲逃匿現實的空間，但最終網際網路結合實體產業走向了與現實世界的融合，所以元宇宙也不會成為避世的桃花源。無論是在現實世界，還是線上網路世界，總有創造者與享樂者。保持清醒的覺知，取決於「我來到這個世界上最終是為了什麼」，而不取決於這個世界以什麼方式執行。

5.3

未來，你的朋友是真人還是虛擬人？

Technology redraws the boundaries between intimacy and solitude.

—— Sherry Turkle

技術重新劃分了親密與孤獨的界限。

—— 雪莉·特克爾，麻省理工學院科技及社會學教授

過去的動畫角色與虛擬人物只存在特定的影片裡，而現在的虛擬人可以來到我們的生活中，唱歌開演唱會，做主播參與節目，接廣告做品牌代言，甚至與我們一起交流。隨著數位化技術發展，我們的目光投向了虛擬偶像，未來的頂流明星也許不是真人，而是像初音未來這樣的虛擬人物。

虛擬人物和虛擬偶像的出現，進一步拓展了我們的社交想像。社交範圍不僅從傳統實體轉向了線上網路世界，而且從真人擴展至虛擬人物。如果還覺得現實中沒有懂「你」的

那個人，那麼數位化的虛擬人物中，總可以找到那一款，因為未來比你還了解自己的是演算法，是潛意識與行為模式餵養起來的人工智慧。虛擬寵物和虛擬人物都可以代替真實動物與人，與我們建立真誠可信賴的關係，而且還是可程式設計的關係。這也意味著，伴侶也多了一種選擇。

元宇宙之下，社交關係與情感依賴都將面臨數位化的遷移。如果科技重新界定了孤獨感與親密關係，那還有人間至歡的親情不會被改變。

1. 從電子寵物到虛擬伴侶，數位化的情感遷移

1999 年索尼發售了一款 AI 機器狗 Aibo。在 Aibo 的體內有一片極小的晶片，使它可以在人的培育下像孩子一樣漸漸發展出人類的智力，人向 Aibo 傾注無條件的愛，Aibo 也會記得人的聲音、動作與容貌，聽得懂責備和讚揚，在與人的相處中建立起不可割裂的深厚感情。Aibo 曾陪伴許多老人度過最後的時光，也成為很多家庭的重要成員。

如果認為只有那些孤獨的人才會喜歡 AI 寵物，那可就錯了。網路還未普及時，電子寵物機早已流行，當年任天堂推出的寶可夢開闢了養成類遊戲的新模式，明星皮卡丘化身為虛擬電子寵物，與真實世界中的寵物一樣，具有生老病死的「生命體徵」，在主人的精心照顧餵養下，陪伴主人一同

成長，俘獲了全世界不少青少年的心。

還有幾年前風靡全球的《旅行青蛙》讓無數人為之著迷，那隻總是出遊在外，時不時帶回一點小禮物製造驚喜的青蛙讓人深切體會到了電子寵物的魔力，在馴養與陪伴中傾注時間，產生強烈而微妙的情感連結。

為什麼很多人把真實動物當作寵物，因為牠們是生命，對人有依賴，可以相互陪伴。當機器寵物或電子寵物也發展出人的智慧，懂得人的情感，而且根據智慧演算法解鎖技能和優化，成為數位化的生命形式，而且不用「鏟屎」，還不用擔心傷及他人和噪音擾民的時候，人與虛擬寵物可以建立起與真實寵物之間的感情。

以此作為設想，除了虛擬寵物，那未來人類的朋友甚至伴侶是不是都可能是虛擬人物？有學者在 2018 年時就曾說，虛擬伴侶將成為人生標準配備。虛擬伴侶具有完美的外表、完美的性格，而且真正地了解你，精於溝通。在可預見的未來裡，當結合 VR、區塊鏈等新興科技，貼合「心意」的虛擬伴侶還將以更多樣的面貌出現在人們的生活之中，新的商業模式也勢必將隨著全新產品的出現而誕生。

虛擬朋友或虛擬伴侶可以迎合喜好填補未來人們的社交空白，然而這可以解決人類的終極問題，對抗孤獨嗎？雪莉．特克爾教授在《群體性孤獨》（*Alone Together: Why We*

Expect More from Technology and Less from Each Other）一書中指出了當代人工智慧繁榮背後的原因。人類憑藉現有技術創造人機互動方式，而人機互動方式又反過來塑造了人類的思維與情感本身；人類因與生俱來的情感需求而製造了虛擬伴侶，又因沉溺其中而逐漸拒絕真實的人際交往，從而加深了因孤獨而生的情感需求。

情感依賴變成科技化與演算法的產物，未來人類的心靈是否會因此獲得自由，抑或是變得更加孤獨？在已到來的虛擬人物時刻，許多人仍在迫切地探尋這一問題的答案。在通往元宇宙的過程中，從依賴人力工具到依賴智慧聯網，從信任中心機構到信任演算法，從真實世界社交到與 AI 的情感依賴，這是一場不可避免的數位化遷移。

2. 向孩子學習未來，陪伴父母適應未來

在人工智慧的數位化世界，即便社交範圍與親密關係發生變化，虛擬人物成了朋友偶像或者伴侶，虛擬寵物走進家庭，但不會改變的是血緣親情、與孩子和父母長輩的關係。科技在迅速發展，親情是永遠的精神核心。元宇宙開啟了未來加速模式，我們需要追趕孩子，也需要攙扶父母。

我們這一代人是在 PC 網際網路下成長起來的，和比爾蓋茲的「希望每個家庭桌上都有一臺個人電腦」夢想一起，

見證了 PC 時代的崛起，也親歷了行動網路的野蠻生長。而 Z 世代的孩子，他們從一出生就生活在 PC 與智慧手機堆裡，對各種電子產品有天生的親近感，上手便無師自通，熟練程度比我們還好。我們需要向孩子學習，因為他們這一代的成長過程就是元宇宙從概念走向繁盛的過程，他們將深度參與其中，成為建設者和中堅力量。如果想知道未來的趨勢是什麼，最好的方法就是去關心他們在關注什麼，他們身上藏著未來的密碼。他們對未來科技的想像比我們更加大膽，不受過去時代的約束。

當大人們還在擔憂玩遊戲是否給孩子帶來不利影響時，遊戲化程式設計已經走進學校教育的課堂。當大人們還在研究元宇宙是什麼時，他們已經在參與 UGC 遊戲的內容創作，為個性化的虛擬頭像付費。交友軟體和 Roblox 的半壁江山都是 Z 世代人群。他們的聚集地就是元宇宙的雛形。

一位商業諮商家在談及 Z 世代時說「只有理解了他們，我們才理解了未來。不是因為他們更理解未來，而是因為他們就是那個未來。」 Z 世代的孩子走向社會，不是被缺錢的焦慮驅動，而是被意義的動力驅動。

科技是不可逆的發展，禁止他們使用電子產品或玩遊戲，還不如開放心態，與他們一起探討新科技和新玩法，在遊戲中釋放創造力。就像現在我們教父母和老人使用智慧手機一樣，未來他們是我們的老師。放下固化思維與刻板教育，聆聽與交流、懂得與尊重、陪伴與學習，也許是送給 Z 世代和下一代 α 世代的最好禮物。

下一代有更多的時間去探索興趣，發展愛好，不會再像我們的父輩們視鐵飯碗和一份穩定的工作為人生意義，也不會像我們這一代為了房貸、為了生活壓力而馬不停蹄地工作，他們將更有希望活出生命的本真意義。如果說十年對元宇宙是一個正好從概念走向繁榮的時間，那麼 10 年後隨著 Z 世代的長大，元宇宙將是他們的主力世界。

而我們的父母老一輩，他們還在努力適應科技快速發展下的行動網路與智慧家居時代。雖然學會了行動支付，但是在智慧醫院裡依然只會排隊，家裡智慧家電琳瑯滿目，但大部分並不會使用。隨著視力的退化，越來越看不清顯示器和家電面板上的字。我們陪著他們走向下一個科技的浪潮，讓他們感受科技讓生活更美好的力量與溫暖，而不是快節奏的生活帶來更多的疏離。利用智慧 IoT 輔助家庭生活，比如智慧語音控制對視力減退的老人是更友好的互動方式。

智慧鏡頭走進了千家萬戶，連線起了不少在外子女對老家父母的牽掛。比起手機影片，智慧鏡頭的確方便了很多，可以隨時看到父母在家的狀態，時不時開啟一次無需接聽的隔空對話，營造在家的感覺。我家的「小愛同學」，不僅是孩子的好夥伴，也是父母尤其是媽媽的心上好，一句句溫馨甜美的回答讓我媽喜笑顏開，少了手機操作上的許多繁瑣，媽媽常用它來播放音樂，查天氣，設時間提醒，感覺就像家裡多了一份溫情多了一個「人」。

家庭雲端系統可以建立照片與影片共享空間，搭起家庭成員間回憶與情感的橋梁。元宇宙之下更智慧的科技與 IoT 裝置能幫助老年人提升生活幸福感，幫助在外地的兒女與父母營造「面對面」在場溝通的感覺，這需要我們停下腳步幫助父母適應科技，而不是讓他們在科技中無所適從。

我們 70、80 年代是承上啟下的一代，見證了社會變遷、網際網路疊代、科技革新，也肩負著時代責任與歷史使命。我們還在努力奔跑，為工作，為家庭，為社會。幸運的是，在我們有生之年，有機會見證數位文明的到來，深度體驗多元化的元宇宙世界，這一天必然會很快到來。

5.4

元宇宙還有多遠的路要走？

「元宇宙」概念與其他新興科技概念不同，它從一開始便自帶光環，聚集了大廠公司和主流市場的目光。但是從技術成熟度曲線來看，它還有很長一段路要走。隨著 VR/AR、區塊鏈應用、人工智慧等技術的成熟，以及爆款生態的出現都可能給元宇宙帶來一波波熱潮。

1. 元宇宙會經歷哪些階段？

如果談及元宇宙還有多遠的路要走，先看看 2021 年 8 月 Gartner 釋出的「2021 年新興技術成熟度曲線」，一項新技術按照產業發展呈現出週期性規律，分為五個階段：創新萌芽期、過熱期、幻滅谷底期、復甦期以及生產成熟期。支撐元宇宙的多項技術還沒有走完過熱期和谷底期，區塊鏈相關的去中心化應用、AI 細分領域、雲端技術、數位人類等還在初始萌芽期或過熱期中途。這將是一段長長的發展與去泡沫化的過程。

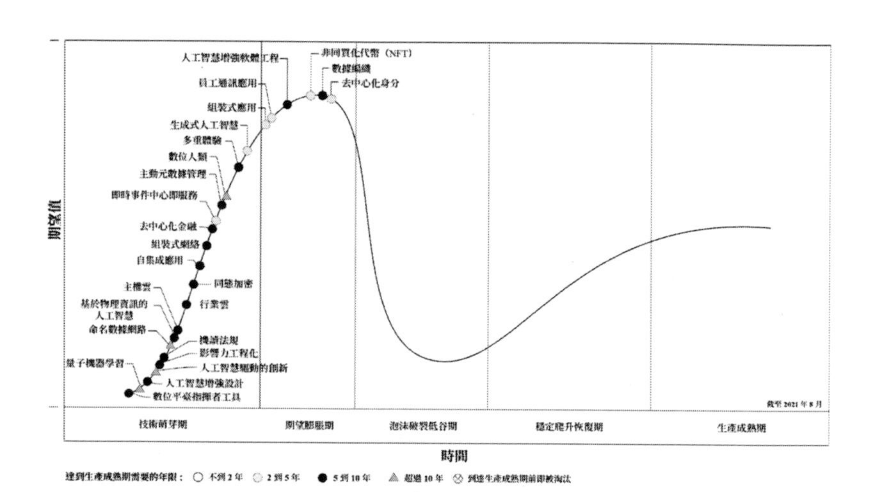

Gartner 2021 年新興技術成熟度曲線

在未來數年到十年的過程中，可以想像元宇宙可能會出現的幾個發展高峰。

1. 日常活動虛擬實境化。
2. 虛擬世界裡的活動變得豐富普及，比如 Meta Horizon 裡的虛擬社交，微軟 Team Mesh 裡的虛擬會議。
3. VR/AR 技術的突破帶來 VR/AR 裝置的普及。
4. VR 裝置替代手機成為通訊交流裝置，AR 智慧眼鏡成為日常。
5. 混合現實下虛實共生代替虛擬實境。
6. 虛擬身分認同與虛擬數位資產價值化。

虛擬身分代表真實身分的權益，虛擬數位資產得到統一價值化。

虛擬人物滲透各個產業，虛擬寵物和虛擬朋友成為情感關係的一部分。

人工智慧與智慧合約。

AI 賦能萬物聯動，自動駕駛、無人配送、智慧家庭成為標配。

區塊鏈智慧合約代替一般社會規則和法律。

元宇宙發展最成熟的狀態是人工智慧成為新的生產力，數位生命體與人類共存，人類社會進入數位文明。

2. 元宇宙還存在哪些方面的風險？

元宇宙作為整個 TMT（通訊、媒體與科技）產業的共同願景，是各種技術於一身的集大成者，它被相關技術共同推動，同時也受到各種制約。每一份元宇宙相關的產業報告裡都附有類似的風險提示，比如：VR/AR 關鍵技術進步不及預期，VR 裝置銷量不及預期；5G 建設進展低於預期；內容生態發展不及預期；UGC 遊戲平臺面臨的競爭風險；區塊鏈政策監管風險；產業競爭加劇的風險等等。

作為大型的多人線上生態系統，需要強大的 CPU 計算能力和 GPU 顯示卡支撐對虛擬場景的即時渲染呈現，元宇宙虛擬實境對算力的需求是近乎無窮的。現在支持開放內容創作的是類似《Minecraft》方塊畫素級場景。即便如此，不少體驗者覺得畫面仍顯粗糙。英特爾高級副總裁 Raja Koduri 稱「實現元宇宙所需的算力將是現在全部算力的 1,000 倍。我們今天的計算、儲存和網路基礎設施根本不足以實現這一願景」。因此，理想與現實之間的差距還有賴於硬體的技術更迭、平臺公司真金白銀的投入。

安全與隱私也是極大的挑戰。元宇宙會面臨更加複雜化的網路安全和數據安全風險。不僅是數位身分與數位資產，還有個人的資訊數據，如生物特徵、消費習慣、行蹤軌跡、喜好設定等，都屬於數據安全和隱私保護的範疇。

資本炒作風險從一開始便存在。透過新概念炒作新浪潮，從拉升股價到減持嫌疑，是資本操縱與資本逐利的慣性操作。有一些企業也會藉機包裝，引發新一輪市場泡沫。有的企業與「元宇宙」無任何相關的實體內容，卻熱衷於搶注各種相關商標，當虛擬貨幣在虛擬世界流通時，虛擬貨幣與現實貨幣之間的兌換關係，經濟風險會從虛擬世界傳導至現實世界。因此從市場追捧到監管機關介入，金融監管措施也需從現實世界拓展至虛擬世界。

雖然區塊鏈技術帶給元宇宙去中心化願景帶來可行性，但是實際與中心化現實之間依然存在巨大的鴻溝。公司平臺之間的競爭造成了生態系統的封閉性，平臺壟斷、資源壟斷與算力壟斷下，理想中的完全去中心化很難實現。經濟秩序、法律體系與國家權威也不太可能實現去中心化。

未來虛擬與現實的界限被進一步打破，線上實體的時間已經無法界定，在虛實共生的系統裡，沉迷會是個無法迴避的問題，當虛擬人物出現，不僅是娛樂的沉迷，而且還會有情感沉迷，孤獨與社會疏離問題。這些是否會對現實人際關係造成負面影響，也是值得探討的問題。元宇宙雖然是自由、高開放的世界，但並不能脫離法律與倫理的範圍。

2021 年成為元宇宙的元年，還只是概念形態的元宇宙已經最早在遊戲和社交領域雛形化。未來還有很多不確定因素，風險與挑戰都需要我們以理性而長遠的眼光，看待元宇宙的發展，就像「元宇宙它的未來一定也存在黑暗之處，穿過黑暗又是黎明」。

5.5

各國對元宇宙的態度有什麼不同？

當網際網路走到新的十字路口時，各國也展現出不同姿態。美國的科技公司先行引領元宇宙探索，日韓政府主導發力積極擁抱元宇宙，歐盟在監管與治理上蓄力。探索不同態度的背後原因，是各國經濟形態與文化的差異，也是元宇宙與本土優勢碰撞下產生的不同發展機會。

1. 美國：科技 All in 與想像齊飛

美國是元宇宙領域的先行者，Metaverse 這一概念最早在美國科幻小說《潰雪》中出現，Roblox 遊戲公司以「元宇宙第一股」上市，並率先提出元宇宙八大要素，Facebook 改名 Meta，表示「All in」元宇宙，輝達推出「工程師元宇宙」平臺 Omniverse。

在 VR/AR 裝置方面，高通推出第一款支持 5G 的虛擬實現專用晶片 XR2，Oculus Quest2 正在突破全球 1,000 萬臺出貨量，成為 VR 市場的轉折點，微軟的下一代混合現實 MR 眼鏡與蘋果正在蓄力的 AR/MR 智慧眼鏡，都將成為隨時引爆市場的產品。

在社交方面，Meta 的 Horizon 平臺以及微軟的 Team Mesh，都將成為虛擬實境社交或虛擬會議的場所。在遊戲方面，Roblox 和《Minecraft》都是聚集了超大使用者數的 UGC 遊戲平臺。在想像力方面，Epic 要塞英雄虛擬演唱會，同題材科幻電影從早期《駭客任務》系列到現在的《一級玩家》、《脫稿玩家》都帶給人無窮無盡的回味和新鮮感。

無論從硬體與科技、還是社交與遊戲等各領域來看，美國占盡元宇宙先機。深厚的科技底蘊、勇於探索創新，樂觀開放的冒險精神，這些要素成為元宇宙在美國先行生根發芽的土壤。同時從另一方面，美國的實體經濟已發展到一定高度，全球資本擴張臨近極限，甚至開始轉變為資本收縮。在這樣的局面下，元宇宙的虛擬世界對美國無疑是一個新的發展空間和資本市場，將有利於繼續爭奪全球資源與市場。

2. 韓國：打造世界上首個元宇宙城市

在韓國，無論是政府還是企業，都在積極推進元宇宙建設。韓國首爾將成為全球第一座元宇宙城市，首爾政府發表政策，釋出了《元宇宙首爾五年計畫》，宣布從 2022 年起分三個階段在經濟、文化、旅遊、教育等市政府所有業務領域打造元宇宙行政服務生態。對內以虛擬世界提供城市公共服務，比如「元宇宙 120 中心」，市民以虛擬化身進入元宇宙中的市政辦公廳，辦理各項業務，還將有「元宇宙市長室」、「元宇宙智慧工作平臺」。對外以「元宇宙觀光首爾」提升城市吸引力，將熱門旅遊景點做成虛擬觀光特區，並將熱門實體店鋪、博物館和美術館等引入元宇宙，開展虛擬空間裡的團體遊，還會嘗試在元宇宙中開展傳統慶典。

早在 5 月分，韓國科學技術情報通訊部聯合 25 個機構和企業成立「元宇宙聯盟」，目前聯盟包括了三星、現代汽車公司、SK 集團、LG 集團等 200 多家韓國本土企業和組織，其目標是在民間主導下建構元宇宙生態系統，結合旗下企業各自的優勢，共同發掘具有商業前景的元宇宙專案，共享有關元宇宙趨勢和技術相關的訊息。

2021 年韓國數位新政（Korean Digital Newdeal）數位內容產業培育支援計畫裡，總投資達 2024 億韓元（11 億 6 千萬元），包括了 XR 內容開發，數位內容、人才培養等等。

在政府支持下，韓國推出了 4 隻以元宇宙為主題的 ETF，目前，海外共發行了 6 隻元宇宙 ETF，其中 4 隻來自於韓國。「韓國是全球增長最快的元宇宙 ETF 市場，在推出後不到兩週的時間裡就達到了 1 億美元的資產規模，」彭博情報分析師，並預測到今年年底，這些基金的資產規模可能超過 6 億美元。

國家與政府的大力扶持為韓國在元宇宙的發展創造了良好的政策條件，企業與民眾的熱情也元宇宙的發展帶來了活力。從目前首爾元宇宙計畫來看，更像元宇宙版的智慧城市，以此推動首爾市民生服務和旅遊業，並吸引投資機會。

4. 日本：以動漫遊戲優勢切入元宇宙

作為虛擬偶像的最早發源國，日本 ACG（Anime、Comics 與 Games，ACG 一詞特指日本的動畫、漫畫、遊戲產業）產業文化豐富，成為與元宇宙的最佳結合。

在元宇宙概念火熱之前，日本的虛擬偶像初音未來已經使用全息投影技術舉辦了世界首場虛擬演唱會，帶動了二次元文化與其他國家虛擬偶像的發展。在遊戲與 VR 方面，擁有索尼 PlayStation VR 系列遊戲主機，以及任天堂豐富的遊戲生態。2020 年任天堂釋出《動物森友會》吸引了全球頂級 AI 學術會議 ACAI 在《動物森友會》上舉行研討會。目前，索尼入股 Epic Games 並建立合作關係，還推出可供使用者 3D 製作的《Dreams Universe》，據說與 Roblox 模式類似，但上手難度更低，效果更佳。

2021 年 8 月，日本著名 VR 開發商 Hassilas 公司釋出的首創元宇宙平臺「Mechaverse」，無需註冊可以透過瀏覽器直接訪問，單一場景可同時容納 1,000 名使用者在上面舉辦產品發布會、虛擬音樂會和虛擬體育場等。日本社交網站 GREE 稱，將以子公司 REALITY 為中心，開展元宇宙業務。預計到 2024 年將投資 100 億日元，在世界範圍內發展一億以上的使用者。該公司認為，並不是只有 3D 畫面才能叫虛擬世界，讓使用者感受到社會性的機制更為重要。GRE 平臺將透過 『個人房間』對現有功能的整合，建構起一個完整的虛擬世界。

日本在遊戲社交具有深厚產業基礎，以及憑藉動漫文化底蘊，在元宇宙發展中具有別具一格的優勢。

5. 其他國家：虛與實中的挑戰與機會

2021 年 11 月，巴貝多宣布將在 Decentraland 建立一個虛擬化的數位大使館，該「大使館」暫定於 1 月啟用。這使得巴貝多將成為世界上第一個在元宇宙中設立「大使館」的主權國家，旨在為該國的技術和文化外交開啟大門。

與巴貝多的前衛不同，在俄羅斯國家眼裡，元宇宙顯然意味著更多挑戰。在俄羅斯現任總統普丁看來，元宇宙的價值在於，讓人們不論相距多遠，都可以一起交流、工作、學

習、落實聯合創新專案和商業專案，而不是人們從不完美的現實世界逃離的目的地。同時他指出面對元宇宙這個全新世界，經濟和社會關係的規範化，以及個人在網路空間的安全，對法律法規的制定都是一項任重道遠的挑戰。

總之，不管世界各國以何種姿態擁抱元宇宙，元宇宙已經拉開新一輪國與國之間綜合國力與數位實力的戰場。不僅是科技創新的比拚、也是文化與商業的滲透。同時在這個新的「全球化「願景下，元宇宙為消除不發達地區的數位鴻溝，達成聯合國 17 項可持續發展目標，比如消除貧窮飢餓，良好健康與教育，性別平等，體面工作與經濟增長等等，以及實現全球碳中和都帶來積極的深遠影響。

5.6
元宇宙提供普通人的職業機會在哪裡？

無論是科技大廠在元宇宙領域的布局、元宇宙的相關技術還是一些國家對元宇宙的態度，這些和我們的生活似乎還有點隔膜。對於普通大眾而言，我們可能更關心的是在元宇宙時代，個人的發展機會與職業機會在哪裡，未來會出現哪些新的工作形式，當下可以去做一些怎樣的嘗試等諸如此類的問題。

接下來，我們一起來聊聊：元宇宙時代，新的職業機會有哪些。機會總是眷顧有準備的人，雖然以下這些可能只是元宇宙無數可能中的千分之一，但只要一點點「火花」，也足以吸引我們走進元宇宙的世界。

1. 元宇宙第一批「職缺」已出現

網際網路誕生之初，我們無法想像今天的網際網路創造出了這麼多新的就業機會，因此站在現在的視角也很難準確預斷元宇宙未來會帶來哪些新的職業，有可能一些全新職業形式壓根不在我們當前的想像範圍內。

有經濟學家在 10 年前斷言，「現在的孩子中有 65% 會在未來會從事現在不存在的職業。」如果說人工智慧已經帶來了這種趨勢，那麼元宇宙更是給未來職業蒙上了一層神祕莫測的色彩。儘管如此，還是可以按圖索驥來預想一些可能性。2021 年，「元宇宙」概念才剛剛興起，已經有兩類「職缺」出線了，雖然尚未廣泛流行，但足夠吸引眼球。

2021 年 12 月，一則《月入 4.5 萬的捏臉師，元宇宙的第一批「職缺」》的報導引起眾人譁然，驚訝的不只是 4.5 萬的收入，而是這個「捏臉師」是什麼職位！？據了解，有著「社交元宇宙」之稱的某交友軟體中，自帶「超萌捏臉」功能供使用者建立個性化 2D 頭像，比起自己思索設計，許多「手殘使用者」更樂意在個性商城購買付費頭像，於是誕生了一種「捏臉師」職業，從現有使用者中簽約誕生，他們專門為使用者設計風格迥異的頭像，交友軟體使用者大都為年輕族群，他們願意花幾十元到百元的價格買下一個最契合自己靈魂的社交形象。有的喜歡上某個「捏臉師」的作品風格，會固定找這位「捏臉師」來為自己量身設計專有頭像。

這份工作看似簡單，但作為捏臉師既要會使用圖形製作工具、熟悉臉部外形知識、有良好的審美感，還要懂演算法和大眾心理學。在網路遊戲中已經不乏專門設計人物造型、服裝與道具的遊戲美工人員，但迄今為止他們只為特定遊戲玩家製作。但是在元宇宙中，他們的服務人群和職業範圍將無限擴大。

除了個人虛擬頭像設計，隨著虛擬土地的熱賣，「虛擬建築建構師」也成為了元宇宙中最早的新型職業。據了解，針對元宇宙的落實，某大型遊戲公司正在應徵搭建虛擬場景的建造師職位。國外也出現了一支「元宇宙施工隊」，他們是一個元宇宙虛擬建築設計團隊，幫助客戶在 Sandbox、Decentraland 等平臺的虛擬土地上設計並搭建虛擬建築，並提供活動策劃、營運和宣傳等服務，幫助土地擁有者在虛擬世界裡吸引人流，提升土地的附加價值。

這對擅長搭建、懂建築美學的人來說是一個職業機會，將專業技能結合數位化技術在元宇宙裡發揮天馬行空的想像，虛擬建築設計不需要考慮材料力學等現實問題，更需要創造力和趣味性。國外有一個幾十萬粉絲的虛擬建築團隊「國家建築師 Cthuwork」，他們在《Minecraft》遊戲裡搭建了許多大型場景，不僅還原了九寨溝、紫禁城這些現實世界中的建築風景，還將清明上河圖中的場景動態地搬到了虛擬世界中，精美程度令人嘆為觀止。

這兩類職業的興起，說明了虛擬身分與虛擬資產正在成為元宇宙的重要要素。虛擬身分是個人在元宇宙世界中的「顏面」，不只是追求外在形象，還會為虛擬形象買單。在這樣的趨勢下，元宇宙為創作者經濟帶來無限的動力，為個體提供了可進入的機會，個人可以在裡面招攬業務或提供服務，就像 Roblox 遊戲平臺上，使用者可以設計遊戲和道具，從而賺取收益。

2. 三類人群將成為元宇宙新寵

從虛擬人物捏臉師和虛擬建築建構師兩個新型角色來看，再結合元宇宙的執行特徵，預測以下這三類職業會成為元宇宙世界的新寵。

● 發揮創意的設計類

虛擬社交場景下，除了「捏臉師」設計個人形象，還需要有「數位服裝設計師」、「數位飾品設計師」、「數位奢侈品設計師」，他們根據虛擬人物的臉型頭像、心情和願望來設計獨一無二的虛擬服裝，或者根據聚會活動來訂製不同場合的服裝。由此還可以衍生出虛擬飾品，這為奢侈品牌也帶來了更廣闊的市場。以前帶有品牌 Logo 的服飾品只能穿戴在身上，現在數位資產也將承載個人身分與品牌效應，就像耐吉的虛擬球鞋那樣。

也許有人會說，這不就是十幾年前玩過的遊戲嗎？確實有相似之處，但從應用場景和資產屬性的角度存在天壤之別。元宇宙場景裡的虛擬身分，從 2D 頭像發展到 3D 形象，虛擬化的身體外形加虛擬服飾，打造的個人專屬社交形象可以出現在各種場景裡，承載一切個人活動。再結合 VR 裝置與動作追蹤感測器，虛擬形象即時傳遞人的真實表情和動作，從一個靜態形象成為富有情感的數位生命體。這個過程當然也離不開數位形象設計師的職業貢獻。

各類設計工作者可以在元宇宙中繼續發揮創意，進入門檻大大降低。過去珠寶設計師需要學習很多專業知識，要了解各類珠寶材料的特質，設計稿經過漫長的成品製作才算完成一件可交付的產品。而面對一個虛擬人物，只要有好的設計想法，會使用數位化設計工具，就可以完成一件虛擬飾品，並且很快能放入商城售賣並「穿戴」在人物身上。這對於建築類或場景裝飾類設計也是如此，任何充滿創意的物品都可以在元宇宙場景中被建立，不被物品的物理材質所限制，唯一需要的就是創造力與想像。

元宇宙會成為創意者的樂園。我們為創意付費，同時也能靠創意獲得收入。

● 超強邏輯的程式設計與演算法類

元宇宙的大量場景執行在程式與演算法上，這將出現一種剛需職位即程式設計和演算法類。比如「場景程式設計工程師」，在各種虛擬場景和 IoT 裝置中，加入自動執行的程式，完成人和物體之間的某種互動。還比如「智慧合約工程師」，對執行在區塊鏈上的 DApp（去中心化應用程式）程式碼規則進行程式設計和維護。

還比如在 DeFi（去中心化金融）下產生對「元宇宙金融師」的需求，把現有的金融產品基於區塊鏈技術和智慧合約做成元宇宙中自執行的金融系統，需要熟悉金融規則和元宇宙場景的分析師，與「智慧合約工程師」一起建造元宇宙中的金融專案。

當「程式碼即法律」在智慧合約中得到應用，也可能出現「元宇宙智慧合約律師」，這一類人熟悉智慧合約的編碼規則，也熟悉法律。他們將具有法律效力的合約條款與執行規則寫入程式碼，也為別人提供法律顧問，當出現問題時他們進行調解。

這與現在主要編寫軟體應用的程式設計師不同，元宇宙下的這類演算法工程師更多面對「場景化」需求，並且需要結合其他的產業技能。隨著場景化規則與區塊鏈智慧合約的普及，這一類工作在元宇宙中需求量定會增大。

● 有趣好玩的導玩休閒類

如果說前兩類的專業性太強，那麼這一類對於大部分普通人更友好，更容易找到結合點。如果像 Facebook 的 Horizon 宣傳片裡展示的那樣，可以在元宇宙中以虛擬化身打球和下棋，那麼其他一切日常娛樂休閒活動也能在元宇宙中進行。企業會議與大型商務活動正在搬入元宇宙，這種先行性探索促使解決技術性障礙，並且隨著 VR 裝置的普及，元宇宙空間的日常活動會越來越受歡迎，畢竟在現實中去打球需要尋找場地，而元宇宙中只需要戴上 VR 眼鏡，省去了路上的時間，更容易找到夥伴。

那麼在這樣的場景下，與現實中一樣，有人需要「虛擬教練」增長球技。現在的健身教練、舞蹈教練也可以在元宇宙中開設課程，一對一或者一對多指導會員，身體追蹤感測器將現實中人身體的一舉一動即時傳遞給 VR 中的虛擬分身已經不是難事，所以打球、下棋、舞蹈、健身所有這些能在現實場景中完成的活動，在 VR 中都可以進行。甚至也可以想到冥想、心理諮商等活動在元宇宙中更能突破物理空間的限制，營造完美的虛擬環境，那麼冥想引導師與心理諮商師將可以打破約束，拓展職業範圍。

元宇宙中還可以進行讀書會、桌遊、劇本殺等各種虛擬活動，這時需要一個主持人或引導師來帶著參與者進入劇情，在活動環節加入互動和趣味性。就像在 VRChat 虛擬社交軟體裡，有人開設國際手語課堂，吸引了眾多玩家。

當旅遊景點被複製進元宇宙，還可能出現 「元宇宙導遊」。置身於元宇宙的景點或是歷史遺跡，虛擬導遊可以帶領領略虛擬世界的風景人文，陪伴左右解說歷史。由於虛擬世界沒有地理限制，想到哪裡可實現瞬間切換。對於遊玩者，每個人都可以獲得最佳視角，對於虛擬導遊來說節省了交通時間，更加專注於高品質導遊。

當日常活動、運動健身、娛樂休閒和旅遊等等都進入元宇宙空間，現有的很多職業都可以在元宇宙中繼續發揮個人所長，並且創造出新的場景模式，挖掘出另一片價值天地。

4G 網路與行動網路時代孕育了不少新的職業角色，個人品牌的崛起下出現了自媒體，知識付費下的知識部落客，抖音上的直播網紅，基於共享經濟的汽車司機，基於生活的外送員、社群團媽等等。有些人抓住了時代的紅利，實現了個人能力與財富的躍遷。元宇宙裡程式設計成為基礎設施和通用技能，也許程式設計師會變得像現在的外送員一樣普遍，像提供送餐服務一樣提供演算法設計。VR/AR 裝置的普及下，便利的維修服務會像現在手機貼膜一樣普遍。

以上這些想到的也許只是未來千分之一的可能性。但有一點可以肯定的是，未來職業發展會越來越多元化，創造力與個性化很重要，趣味性與新奇體驗也很重要，邏輯化的程式與規則也是核心。現在公司與職位是主流的工作形式，未來可能是平臺與內容創作者，當物質生活不再是重點，也不再有空間場所的限制，可以在多種角色間切換時，元宇宙將成為發揮個人潛能的最佳場所。

3. 元宇宙是一座新的機會寶藏

如果在現實世界裡活得不如意，在元宇宙中可以實現逆襲嗎？

《一級玩家》電影裡就描述了一個貧窮小子在綠洲遊戲世界裡華麗逆襲的故事。在現實中，他是一個寄宿在貧民區的姨媽家，睡在洗衣機上的窮小子，靠著打遊戲賺錢買 VR 裝置，偏偏在遊戲中是一個有勇有謀的少年，破解了綠洲創始人留下的三個謎題，不僅成為了綠洲的掌控者，還得到了鉅額財產，邂逅了支持他的理想伴侶，達到了事業、財富和愛情的人生巔峰。

然而這樣的反轉故事在現實中並不成立，在現實中腳踏實地的完成個人技能更新，才有可能在元宇宙中實現躍遷。2021 年是新舊交替的一年，行動網路的發展遭遇瓶頸，一些網路企業迎來寒冬，業務縮減和裁員的消息不斷傳出。而與之形成「冰火兩重天」對比的是，元宇宙領域開啟了百萬年薪搶人大戰，相關職位主要集中在以下遊戲、社交與金融類。

- 遊戲類：遊戲專案策劃、遊戲引擎技術、場景原畫、技術美術 TA
- 硬體與網路基礎：VR/AR 工程師、通訊與雲端計算、晶片材料

- AI 相關：手勢辨識、影像技術、擬人互動，算力優化
- 內容生態相關：虛擬人物、生態場景
- 區塊鏈技術相關

如果目前正在從事的職業正好在這些範圍內，那麼在元宇宙之下，未來還有很大的發展空間。除此之外，元宇宙是本身是一個大的產業與平臺範圍，還有很多待發掘的機會寶藏，不僅有全新的職業角色，現有網際網路下的產業、服務與內容提供者也能在元宇宙中發現新的機遇機會。

如果說未來還太遠，眼下的近幾年裡，面對元宇宙個人還能做些什麼呢？機會總是眷顧有準備的人。從體驗而言，可以先考慮買入一款 VR 裝置，選擇最新的輕薄款，和手機差不多價位。在類似 VRChat 軟體裡去體驗 VR 社交或 VR 活動，代表自己身分的虛擬人物能傳遞自己的真實動作與表情，會發現開啟了一個新世界，這是和看手機電腦螢幕完全不一樣的感覺，不再是從一個視窗去閱覽影片或圖文訊息，而是把世界帶到眼前，把自己完全送到那個地方。

5G 通訊技術已經開始普及，儘早體驗 5G 的暢快感，有機會逛逛 5G 展館，開啟對未來科技生活的想像力。用了 5G，才可能想像 6G 的天地空一體化。去一些虛擬世界平臺感受一下，比如 Decentraland，Sandbox，看看裡面有什麼商業活動，哪些公司已經落腳，有什麼新的玩法。閱讀與觀影

也是不錯的選擇，無論是科幻小說，還是技術書籍，都可以擴充知識豐富認知。

在元宇宙相關的領域裡，找一個自己最感興趣，或者和自己能力結合最緊密的方面，進行深入研究。元宇宙為內容創作者提供了很好的發展機會和價值變現機會。多關注產業動態，有很多可以去了解學習、可以去嘗試體驗的方向，也許會發現自己的潛力，也許未來的機會密碼就藏在一個不經意的發現與靈感中。但不管怎樣，這是出於對未來科技的好奇與興奮，而不是出於被時代拋棄的焦慮。

爽讀 APP

國家圖書館出版品預行編目資料

掘金元宇宙，AI 時代顛覆傳統產業的數位革命：高效互動與無縫連結，打破虛擬與現實間的藩籬 / 李黎 著 . -- 第一版 . -- 臺北市：財經錢線文化事業有限公司 , 2024.07

面；　公分

POD 版

ISBN 978-957-680-925-5(平裝)

1.CST: 虛擬實境 2.CST: 資訊技術

312.8　　113010104

掘金元宇宙，AI 時代顛覆傳統產業的數位革命：高效互動與無縫連結，打破虛擬與現實間的藩籬

臉書

作　　者：李黎

責任編輯：高惠娟

發 行 人：黃振庭

出 版 者：財經錢線文化事業有限公司

發 行 者：財經錢線文化事業有限公司

E-mail：sonbookservice@gmail.com

粉 絲 頁：https://www.facebook.com/sonbookss/

網　　址：https://sonbook.net/

地　　址：台北市中正區重慶南路一段 61 號 8 樓

8F., No.61, Sec. 1, Chongqing S. Rd., Zhongzheng Dist., Taipei City 100, Taiwan

電　　話：(02) 2370-3310　　**傳　　真**：(02) 2388-1990

印　　刷：京峯數位服務有限公司

律師顧問：廣華律師事務所 張珮琦律師

定　　價：350 元

發行日期：2024 年 07 月第一版

◎本書以 POD 印製

Design Assets from Freepik.com